DIANLAN XIANLU DAIDIAN JIANCE JISHU JI DIANXING ANLI

电缆线路带电检测技术

主　编　孟令闻

副主编　魏占朋　陈云飞　卫文婷

中国电力出版社
CHINA ELECTRIC POWER PRESS

内 容 提 要

本书归纳了现行电力电缆带电检测技术并给出了典型案例。全书共7章，包括电力电缆的基础知识、带电检测技术、带电检测工作标准化流程、带电检测培训平台、红外检测典型案例、护层接地电流检测典型案例和电力电缆高频局部放电检测典型案例。

本书可作为电力电缆带电检测人员的培训教材，也可作为从事电力电缆运行维护和故障处理等工作的生产人员及管理人员的参考书。

图书在版编目（CIP）数据

电缆线路带电检测技术及典型案例／孟令闻主编．—北京：中国电力出版社，2021.11

ISBN 978-7-5198-5897-1

Ⅰ.①电…　Ⅱ.①孟…　Ⅲ.①配电线路—电缆—检测—案例

Ⅳ.①TM726.4

中国版本图书馆CIP数据核字（2021）第160599号

出版发行：中国电力出版社

地　　址：北京市东城区北京站西街19号（邮政编码100005）

网　　址：http://www.cepp.sgcc.com.cn

责任编辑：崔素媛（010-63412392）

责任校对：黄　蓓　于　维

装帧设计：张俊霞

责任印制：杨晓东

印　　刷：河北鑫彩博图印刷有限公司

版　　次：2021年11月第一版

印　　次：2021年11月北京第一次印刷

开　　本：710毫米×1000毫米　16开本

印　　张：12

字　　数：163千字

定　　价：69.00元

编 委 会

近年来，随着我国经济的持续高质量发展，城市现代化步伐的稳步加快，城市电力需求不断攀升。与之相伴的，进入21世纪，国内电缆行业发展迅猛，电力电缆在城市电网的应用愈加广泛，逐渐成为各大城市电力供应的“主动脉”。如何做好电缆安全隐患“报警器”、电缆运行状态“活地图”，成为保障电网安全运行的关键环节，对保障经济持续稳步发展意义非凡。

天津作为中国最早使用电缆的城市之一，在电缆管理上有着悠久的历史和优良的传统。受益于血脉传承，国网天津市电力公司始终重视电力电缆运维管理工作，率先成立了专业化电缆运维单位——国网天津市电力公司电缆分公司（以下简称天津电缆）。天津电缆人秉承“揽新致远、匠心至臻”的职业追求，强基固本，守正笃实，在日常工作中不断积累探索，综合运用红外、环流、局部放电、涡流、X射线等检测技术，重点检测电缆设备异常时“声、光、电、磁、热”等参数，历经70000余次积累后，逐步摸索出一套可复制可推广的带电检测经验。

本书厚积于天津电缆多年来不间断的尝试，在对21400余组高频局部放电检测、32900余组红外测温、15900余组接地电流检测中积累数据分析、提炼的基础上，精选了15例典型案例供广大读者参考阅读。全书介绍了电力电缆的基础知识及带电检测基本原理、电力电缆带电检测工作标准化流程及培训平台、典型检测案例，结构完整严谨合理、详略得当、案例丰富翔实，方便读者初步了解电力电缆带电检测专业，直观认识开展带电检测的技术手段，快速掌握正确有效的检测方法，同时有助于检测人员强化技术能力、提升专业水平。

本书内容源于一线实践，是天津电缆广大员工集体智慧的结晶。目前，市场上有一些关于局部放电检测的书籍，但还没有一本书从电力电缆的角度专门讲解带电检测技术及案例，也没有一本书从带电检测工作组织及缺陷诊断的角度来讲电缆带电检测技术，本书的出版将填补这一领域的空白，为电缆带电检测从业人员提供一套学习和借鉴的经验。本书既可以作为带电检测专业管理人员的指导用书，也可以作为班组一线人员的专业用书，同时也可供其他专业借鉴参考。

恰百年盛世，躬行正当时！以此书出版为契机，国网天津市电力公司将持续深耕带电检测专业技术技能，在电缆运维领域不断发力，促进供电可靠水平提升，保障城市电力可靠供应，在建设国际一流精益化高压电缆示范城市征途中做出新的更大贡献！

电力电缆具有供电可靠性高、占用土地资源少、美化城市环境等优点，在城市供配电网中得到越来越广泛的应用。尽管电缆发生故障的概率低于架空输电线路，但是在电、热、机械和化学等综合作用恶劣条件下仍难免发生故障。由于电缆深埋于地下，其故障定位困难、维修时间长且维修难度大，因此电力电缆带电检测技术已成为电力行业重点关注的问题之一。

本书从电力电缆基础知识出发，归纳现行电力电缆带电检测技术，结合工程实际阐述了电力电缆检测原理、检测方法和诊断判据等知识。本书从大量的典型检测案例中总结电力电缆带电检测工作取得的成果，以期为生产实践提供借鉴作用。

本书共 7 章，包括电力电缆的基础知识、带电检测技术、带电检测工作标准化流程、带电检测培训平台、红外检测典型案例、护层接地电流检测典型案例和高频局部放电检测典型案例。全书覆盖电缆基础知识、检测方法原理和检测方法应用实例，可以指导电力电缆运维检修工作的开展，有助于提升电力电缆的安全性和可靠性。

本书的编写结合了编者近年来的工作实践经验，但由于编者学识有限，难免有疏漏之处，敬请各位专家、读者批评指正！

作　者

2021 年 9 月

目　录 / CONTENTS

第1章　电力电缆基础知识

电力电缆作为输电线路的重要组成部分，承担着电能输送与分配的重要任务，主要用于城区、变电站等必须采用地下输电的部位。我国中压交流电力电缆电压等级主要有10（6）kV、20kV、35kV，高压及超高压交流电力电缆电压等级主要有66kV、110kV、220kV、330kV、500kV。

1.1　电力电缆结构

电力电缆由导体、绝缘层和护层三部分组成。导体是电力电缆的导电部分，用来输送电能。绝缘层是将导体与地电位以及不同相的导体间在电气上彼此隔离，保证电能输送。护层的作用是保护电缆绝缘层在敷设和运行过程中，免遭机械损伤和各种环境因素的破坏，以保持长期稳定的电气性能。6kV及以上交联聚乙烯电力电缆，导体和绝缘层外还有屏蔽层。

1.1.1　中压典型三芯交联聚乙烯电缆结构

35kV及以下电缆线路主要采用三芯交联聚乙烯电缆，用于传输电能，其剖面示意图如图1-1所示。

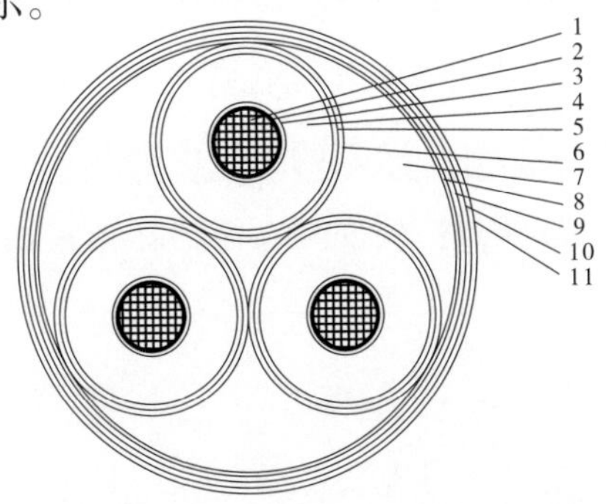

图1-1　典型三芯交联聚乙烯电缆剖面示意图

1—导体（线芯）；2—半导电包带；3—导体屏蔽层；4—交联聚乙烯绝缘；5—绝缘屏蔽层；6—金属屏蔽带；7—填充料；8—无纺布包带；9—内护套；10—铠装；11—外护套

1. 导体（线芯）

导体材料一般为铜或铝，铜导体的载流能力强，因此电力电缆导体材料大多数选择铜导体。电缆线芯的作用是传送电流，是决定电力电缆经济性和可靠性的重要组成部分。导体表面应光洁、无油污、无损伤屏蔽及绝缘的毛刺、锐边及凸起和断裂的单线。

2. 半导电包带

半导电包带一方面可以起到限制外界电磁场对内部产生影响，另一方面可以将电缆通电时引起的电磁场屏蔽在绝缘线芯内，减少对外界产生的电磁干扰，同时还能均匀化电场，防止轴向放电。

3. 导体屏蔽层

导体屏蔽层位于导体和绝缘层之间，它与被屏蔽的导体等电位，并与绝缘层良好接触，从而避免在导体与绝缘层之间发生局部放电。内半导电屏蔽层应均匀地包覆在导体外，并牢固地黏附在绝缘层上，与绝缘层交界面应光滑，无明显绞线凸纹、尖角、颗粒、烧焦或擦伤痕迹。

4. 交联聚乙烯绝缘

目前交联聚乙烯是最常用的绝缘材料，具有允许工作温度高，机械性能好，耐压水平高，能抗酸、碱，防腐蚀等特点。绝缘层是将导体与外界在电气上彼此隔离的主要保护层，承受工作电压及各种过电压长期作用，其耐压强度及长期稳定性能是保证整个电力电缆完成输电任务的最重要因素。绝缘层材料具有以下稳定的特性：较高的绝缘电阻和工频、脉冲击穿强度，优良的耐树枝放电和耐局放性能，较低的介质损耗角正切值，以及一定的柔软性和机械强度。

5. 绝缘屏蔽层

绝缘屏蔽层应为挤包半导电，位于绝缘层和金属屏蔽层之间，与绝缘层紧密结合，避免绝缘层和金属屏蔽层之间发生局放。绝缘屏蔽层表面以及与绝缘层的交接面应均匀、光滑，无明显绞线凸纹、尖角、颗粒、烧焦或擦伤痕迹。

6. 金属屏蔽带

将电场限制在电缆内部，保护电缆免受外界电气干扰。在系统发生短路故障时，金属屏蔽带是短路电流的通道，金属屏蔽带主要采用铜材料。当采用铅包或铝包金属套时，金属套可作为金属屏蔽带。

7. 填充料

填充料主要用于填充三芯电缆在绞合时产生的缝隙，保证电缆的圆整，避免挤出护套时电缆表面出现麻花形状，稳固电缆使其不移动，延长电缆的使用寿命。

8. 无纺布包带

无纺布包带主要采用涤纶无纺布制成，具有高强度、耐高温、长寿命、耐老化等特点。

9. 内护套

内护套是紧贴绝缘层的直接保护层，根据材料不同，内护套分为金属护套、非金属护套和组合护套三种。35kV 及以下电压等级的中压电缆主要采用非金属护套，非金属护套具有一定透水性，用于本身具有较高耐湿性的高聚物为绝缘的电缆。非金属护套的材料是橡胶和塑料，如聚氯乙烯、聚乙烯、氯丁橡胶等。聚乙烯的防水性能比聚氯乙烯好。

10. 铠装

铠装层的材料主要是钢带或钢丝。在电缆承受压力或拉力的场合，应用铠装层使电缆具备要求的机械强度。钢带铠装能承受压力，适应于地下直埋敷设；钢丝铠装能承受拉力，适用于水底或垂直敷设。

11. 外护套

外护套是最外侧的保护层，防止护套腐蚀及避免护套受到其他环境损害。外护套一般用聚氯乙烯或聚乙烯经挤包法制成。对外护套材料经过适当特殊处理，可制成与某些特定环境相适应的电缆，如阻燃电缆、防白蚁电缆等。

1.1.2 典型高压单芯交联聚乙烯电缆结构

110kV 及以上电压等级输电电缆线路主要采用单芯交联聚乙烯电缆传输电能，其剖面示意图如图 1-2 所示。

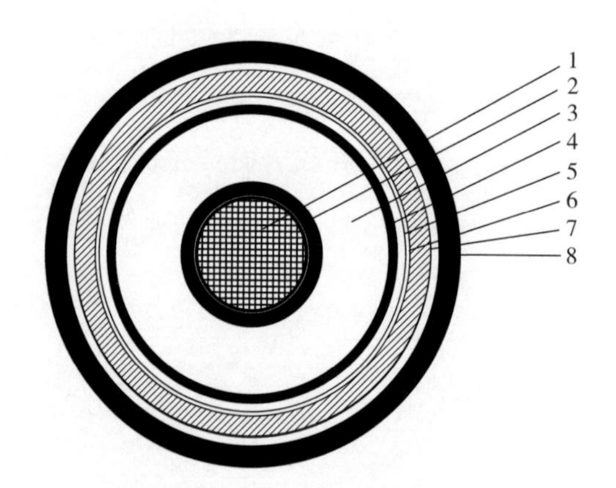

图 1-2 典型高压单芯交联聚乙烯电缆剖面示意图

1—导体；2—内半导电屏蔽层；3—绝缘层；4—外半导电屏蔽层；5—缓冲层；6—皱纹铝护套；7—外护套；8—挤出半导电层（或石墨层）

1. 导体

导体材料一般为铜或铝，铜导体的载流能力强，因此电力电缆导体材料大多数选择铜导体。电缆线芯的作用是传送电流，是决定电力电缆经济性和可靠性的重要组成部分。导体表面应光洁、无油污，无损伤屏蔽及绝缘的毛刺、锐边及凸起和断裂的单线。

2. 内半导电屏蔽层

内半导电屏蔽层位于导体和绝缘层之间，它与被屏蔽的导体等电位并与绝缘层良好接触，从而避免在导体与绝缘层之间发生局放。内半导电屏蔽层应均匀地包覆在导体外，并牢固地黏附在绝缘层上，与绝缘层交界面应光滑，无明显绞线凸纹、尖角、颗粒、烧焦或擦伤痕迹。

3. 绝缘层

绝缘层是将导体与外界在电气上彼此隔离的主要保护层，承受工作电压及各种过电压长期作用，其耐压强度及长期稳定性能是保证整个电力电缆完成输电任务的最重要因素。绝缘层材料具有稳定的以下特性：较高的绝缘电阻和工频、脉冲击穿强度，优良的耐树枝放电和耐局放性能，较低的介质损耗角正切值，以及一定的柔软性和机械强度。目前交联聚乙烯是最常用的绝缘材料，具有允许工作温度高，机械性能好，耐压水平高，能抗酸/碱，防腐蚀等特点。

4. 外半导电屏蔽层

绝缘屏蔽层应为挤包半导电，位于绝缘层和金属屏蔽层之间，与绝缘层紧密结合，避免绝缘层和金属屏蔽层之间发生局放。绝缘屏蔽表面以及与绝缘层的交接面应均匀、光滑，无明显绞线凸纹、尖角、颗粒、烧焦或擦伤痕迹。

5. 缓冲层

电缆绝缘屏蔽表面需要绕包缓冲层或纵向阻水层，一方面随着绝缘层温度的变化，缓冲层应保证在不同外径状态下，绝缘屏蔽与金属套有着良好的电气接触。另一方面缓冲层采用半导电弹性材料，或者具有纵向阻水功能的半导电弹性阻水材料，并应与其相接触的其他材料相容，材料的体积电阻率应与绝缘屏蔽的体积电阻率相适应。

6. 金属护套

高压电缆金属护套有承受电缆短路电流、径向防水及承受侧压力的作用。

7. 外护套

高压电缆一般采用绝缘型的 PVC 或 PE 外护套，外护套的颜色主要采用黑色。外护套的标称厚度应满足绝缘和机械防护的要求，外护套也可以针对各种环境使用条件，采取相应的防护功能，如阻燃、防生物等，或者是几种功能的组合。

8. 挤出半导电层（或石墨层）

外护套表面应有均匀牢固的导电层作为外护套耐压试验时的外电极，一般采用石墨或挤出成型半导体层。

1.2 电力电缆附件

电缆终端和中间接头统称为电缆附件，它们是电缆线路中不可缺少的组成部分。电缆终端是安装在电缆线路两个末端，使得电缆与电力系统其他电气设备相连接，并保持绝缘与密封性能至连接点的装置。电缆中间接头是安装在电缆与电缆之间，具有一定绝缘和密封性能，使两根及以上电缆导体连通，使之形成连续电路的装置。

1.2.1 中压电缆附件结构

35kV 及以下交联聚乙烯电缆终端和接头按照安装工艺分主要有 7 大类，即绕包式、热缩式、冷缩式、预制装配式、可分离连接式、模塑式和浇筑式，常用四种类型的结构特点见表 1–1。

表 1–1 35kV 及以下交联聚乙烯电缆终端、接头分类和结构特点

型 式	附件名称	结构特征	备 注
绕包式	终端、接头	以高压自黏性乙丙橡胶为基材的自黏性带材为增绕绝缘，现场绕包	户外终端应加瓷套，内灌绝缘剂
热缩式	终端、接头	应用热收缩管材和应力控制管，以热缩管材现场套装，经加热收缩	户外终端加防雨罩
冷缩式	终端、接头	用弹性体材料经注射硫化扩张后内衬螺旋状支撑物，安装时抽去支撑物收缩成型	在常温下靠弹性回缩力紧压于电缆绝缘
预制装配式	终端、接头	以合成橡胶材料为增强绝缘、屏蔽等在工厂预制成型	预制件内径与电缆外径应过盈配合

1. 绕包式电缆附件

绕包式附件根据电缆的绝缘介质类型和额定电压，有几种材料可以用作绕包绝缘材料，如 PE 带或可交联的 PE 带，通过在主绝缘表面绕包成电容锥

来进行电场控制。主要问题就是现场洁净度的控制，并且在材料固化中需要复杂的温度和压力调节，绕包过程多采用手动或半自动进行。绕包式电缆附件安装过程图如图 1–3 所示。

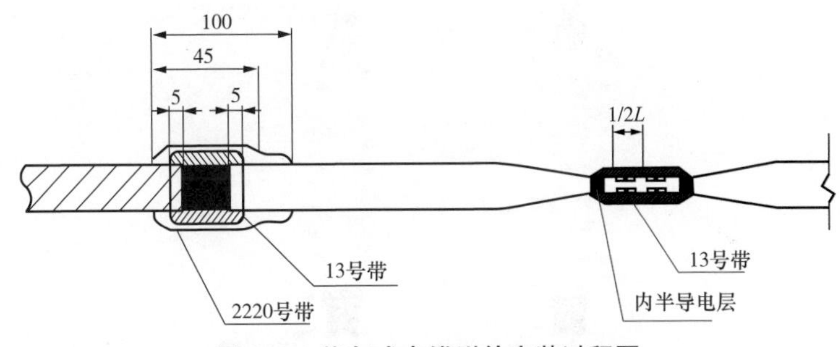

图 1–3　绕包式电缆附件安装过程图

2. 热缩式电缆附件

热缩式电缆附件是一种特殊性能的材料（高介电常数、合适的体积电阻率）做成的应力控制管来进行电场应力控制的电缆附件。其原理是利用电气参数的匹配使电缆绝缘屏蔽断口处的应力疏散成沿应力管轴向较均匀的分布，这一技术主要用于 35kV 及以下电缆附件中。热缩应力控制管如图 1–4 所示。

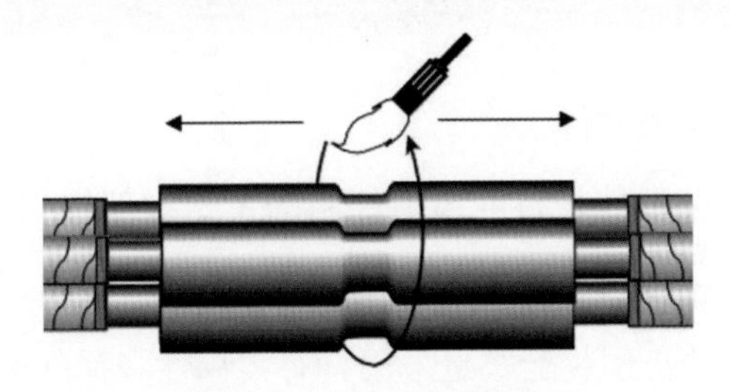

图 1–4　热缩应力控制管

3. 冷缩式电缆附件

冷缩式电缆附件主要以硅橡胶或三元乙丙橡胶为主要原料，经特殊配方合成后，预扩张在螺旋支撑芯线上，安装时无须任何外部热源，只要拉开支撑芯线就会收缩，并紧套在所需位置上，冷缩式电缆附件要求要在规定的使用期限内使用。冷缩式电缆终端附件如图 1–5 所示。

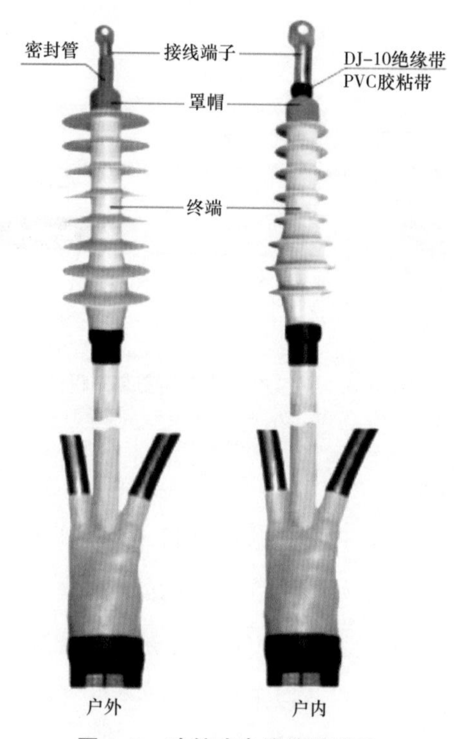

图 1–5　冷缩式电缆终端附件

4. 预制装配式电缆附件

预制装配式电缆附件是将电缆附件内的主绝缘部件和半导电屏蔽层在工厂内模制成一个整体或若干部件，现场套装在经过处理的电缆末端或中间接头处而形成电缆附件，预装配式是采用具有柔韧性和弹性极佳的硅橡胶制成，在现场安装时利用硅橡胶弹性和硅脂的润滑性推入电缆本体的安装部位，和电缆本体过盈配合。

1.2.2 高压电缆附件结构

1. 高压电缆终端

高压电缆终端按其用途可分为户外终端、GIS 终端和油浸终端，常用的 110kV 及以上电缆终端主要有干式终端、充油式终端和 GIS 终端几类。

（1）户外终端。

户外终端是指在受阳光直接照射或暴露在气候环境下使用的终端。户外终端主要型式有预制橡胶应力终端和硅油浸渍薄膜电容锥终端。按照户外终端套管的类型，分为瓷套充油式和硅橡胶复合套管充油式。此外，还有预制橡胶应力锥干式终端。户外终端一般由出线金具、内绝缘、外绝缘、绝缘填充剂、密封机构金具和尾管等组成，如图 1–6（a）所示。

110、220kV 高压电缆一般采用预制橡胶应力锥终端。硅油浸渍薄膜电容锥的使用可以满足操作冲击过电压与雷电冲击过电压，一般在 330kV 及以上电压等级上采用。户外终端采用电容锥结构的主要原因是为了均匀套管表面电场分布，使得户外端达到承受较高的耐操作冲击过电压与雷电冲击过电压。随着预制橡胶应力锥终端技术的发展，400~500kV 电压等级上亦可采用预制橡胶应力锥终端技术。干式终端整体结构上没有刚性的支撑件，机械性能完全依靠电缆厂制导体线芯和绝缘的支撑，强度不高，又受安装空间的限制，且无法采取其他措施对终端机械性能进行加强。因此，干式电缆终端固定到位后会产生弯曲形变（大负荷时此种形变更加明显），在线路投切或线路故障时终端要承受电场应力，终端的形变还会加大。长期的形变将导致终端内产生气隙，使局部放电量增大，进而降低终端使用寿命。

（2）GIS 终端。

GIS 终端是最常见的户内终端，安装在气体绝缘封闭开关设备（GIS）内部，以六氟化硫（SF_6）气体作为外绝缘。GIS 终端用预制式终端来进行应力控制，采用乙丙橡胶或硅橡胶制作的应力锥套在经过处理的电缆绝缘上，如图 1–6（b）所示。

（a） （b）

图 1–6 电缆终端

（a）户外终端；（b）GIS 终端

（3）油浸终端

油浸终端安装在油浸变压器油箱内，以绝缘油为外绝缘。油浸终端又称象鼻，也是用预制式终端来进行应力控制，采用乙丙橡胶或硅橡胶制作的应力锥套在经过处理的电缆绝缘上。

2. 高压电缆接头类型

电缆接头按其功能不同有多种类型，目前最常见的是直通接头和绝缘接头。

1）直通接头（直线接头）。将电缆的金属套、接地屏蔽层和绝缘屏蔽在电气上直接相连的接头。这种接头主要用于电缆本体故障后电缆接续，如图 1–7（a）所示。

2）绝缘接头。将电缆的金属套、接地屏蔽层和绝缘屏蔽在电气上断开的接头。这种接头用于较长的单芯电缆线路各相金属护套交叉互联，以减少金属护套损耗。绝缘接头中将接头壳体对地绝缘，壳体当中采用环氧树脂绝缘片或瓷质绝缘垫片隔开，使两侧电缆的金属护套在轴向绝缘。接头增绕绝缘外包绕的半导电纸和金属接地层在接头中间部分也要断开，不能连续，如图 1–7（b）所示。

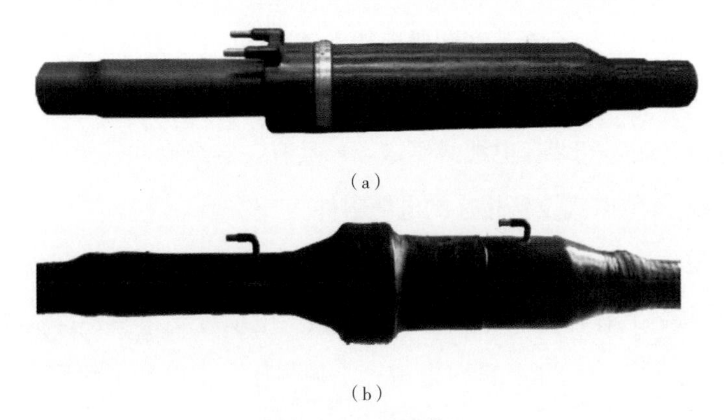

（a）

（b）

图 1–7　电缆接头

（a）直通接头；（b）绝缘接头

1.3　电力电缆线路

电缆线路主要用于传输和分配电能，常用于城市地下电网、发电站引出线等场景。随着城市用电量的增加，电力电缆在电力线路中所占比重正逐渐增加。本节主要介绍典型中压电缆线路和典型高压电力电缆线路。

1.3.1　典型中压电缆线路

中压电缆线路主要由电缆本体、电缆附件及附属设备组成，如图 1–8 所示。电缆附件包括电缆中间接头和电缆终端，电缆附件应与电缆本体一样能长期安全运行，并具有与电缆相同的寿命。附属设备包括避雷器、电缆分支箱等。

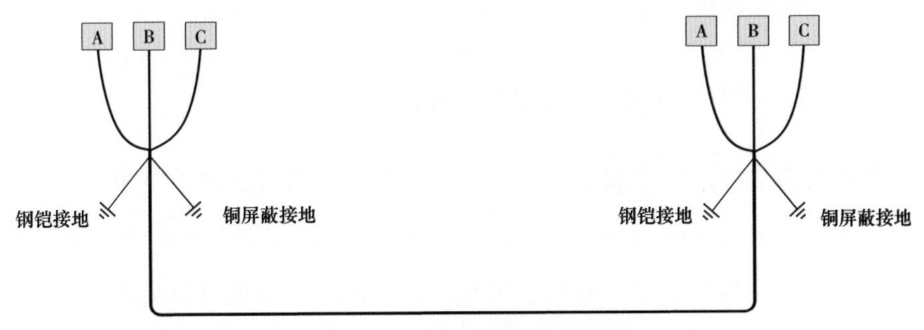

图 1–8　中压电缆线路示意图

1）电缆中间接头。安装在两段电缆本体之间，使两段电缆连通并具有一定绝缘密封性能的电缆附件。

2）电缆终端。安装在电缆线路末端，具有一定绝缘和密封性能，用以将电缆与电网或其他电气设备相连的电缆附件。

3）电缆分支箱。在多用户分布相对集中时，可采用电缆分支箱进行电缆多分支连接，其作用是将电缆分接或转接。电缆分支箱主要技术参数包括：额定电压、最高工作电压、额定电流、工频耐压、雷电冲击耐压、额定热稳定电流、额定动稳定电流、回路电阻、防护等级等。

4）避雷器。避雷器与被保护电缆就近并联安装，是专门用以释放雷电过电压或操作过电压能量，限制线路传来的过电压水平的一种电气设备。其主要特性参数应符合：①冲击放电电压应低于被保护电力电缆线路的绝缘水平，并留有一定裕度；②冲击电流通过避雷器时，两端子间的残压值应小于电力电缆线路的绝缘水平；③当雷电过电压侵袭电力电缆时，电力电缆上承受的电压为冲击放电电压和残压，两者之间数值较大者称为保护水平 U_p。电力电缆线路的基准绝缘水平 $BIL=(120\%\sim130\%)U_p$。

5）在线监测装置。在线监测装置安装在电缆终端或中间部位，在线监测装置是在被测电缆处于运行的条件下，对电缆的运行状况进行连续或定时的监测，通常是自动进行的。

6）接地情况。中压电缆一般采用三芯结构，在电缆两端，铜屏蔽层与铠装层通过接地线直接在站内或杆塔处接地。

1.3.2 典型高压电力电缆线路

高压电力电缆线路主要由电缆本体、电缆附件及附属设备组成，示意图如图 1-9 所示。电缆附件包括电缆接头和电缆终端，电缆附件应与电缆本体一样能长期安全运行，并具有与电缆相同的寿命。附属设备包括避雷器、在线监测装置、接地箱、接地保护箱、交叉互联箱等。

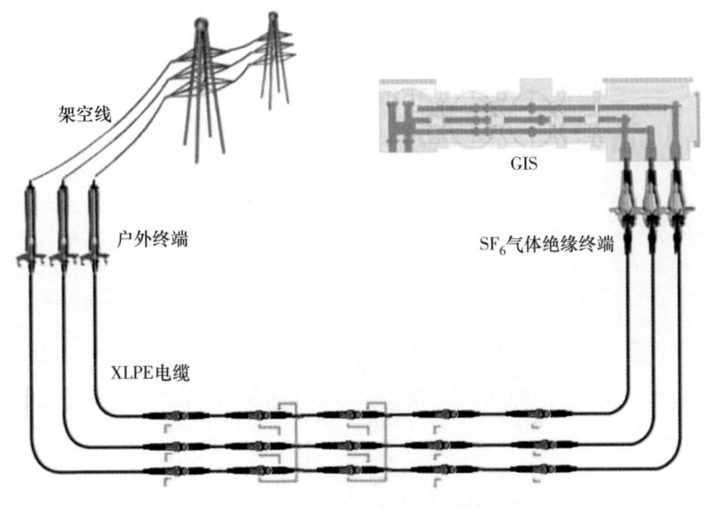

图 1-9　高压电缆线路示意图

1）电缆接头。安装在两段电缆本体之间，使两段电缆连通并具有一定绝缘密封性能的电缆附件。

2）电缆终端。安装在电缆线路末端，具有一定绝缘和密封性能，用以将电缆与电网或其他电气设备相连的电缆附件。

3）接地箱。接地箱主要由箱体、绝像支撑板、芯线夹座、连接金属铜排等零部件组成，适用于高压单芯电接头、终端的直接接地。

4）接地保护箱。接地保护箱主要由箱体、绝缘支撑板、芯线夹座、连接金属铜排、护层保护器等零件组成，适用于高压单芯交联电缆接头、终端的保护接地，用来控制金属护套的感应电压，减少或消除护层上的接地电流，提高电缆的输送容量，防止电缆外护层击穿，确保电缆的安全运行。

5）交叉互联箱。交叉互联箱主要由箱体、绝缘支撑板、芯线夹座、连接金属铜排、电缆护层保护器等零部件组成，适用于高压单芯交联电缆接头、终端的交叉互联换位保护接地，用来限制护套和绝缘接头绝缘两侧冲击过电压升高，控制金属护套的感应电压，减少或消除护层上的接地电流，提高电缆的输送容量，防止电缆外护层击穿，确保电缆的安全运行。电缆交叉互联接地方式如图 1-10 所示。

6）避雷器与在线监测装置同中压电缆线路。

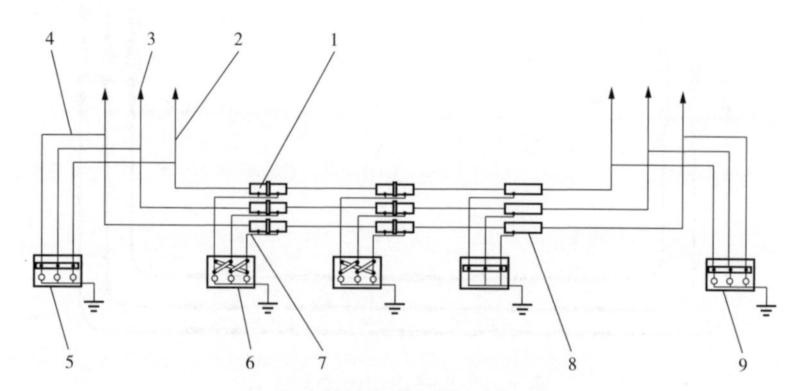

图 1-10　电缆交叉互联接地方式

1—绝缘接头；2—电缆；3—终端头；4—接地电缆；5—直接接地箱；6—交叉互联箱；7—同轴接地电缆；8—直通接头；9—接地保护箱

第 2 章　电力电缆带电检测技术

随着电网规模迅速扩大和用电需求的迅猛增长，社会对电网供电可靠性要求越来越高，作为状态检修的重要内容，电力电缆带电检测技术全面深入应用，能及时发现电力电缆潜伏性运行隐患，避免突发性故障的发生，是电力电缆安全、稳定运行的重要保障。

带电检测是指采用便携式检测设备，在设备运行状态下对其状态量进行的现场检测。不同于长期连续的在线监测，带电检测时间通常较短，具有投资小、见效快的优点。目前，电力电缆的主要带电检测技术包括红外测温、接地电流检测、高频局放检测、特高频局放检测、超声波局放检测、涡流探伤检测、X 射线检测等。

2.1　红外热成像检测技术

2.1.1　基本原理

电缆设备发生故障前，通常会伴随绝缘材料老化、局放等缺陷，导致绝缘水平下降。在这期间由于材料老化引起的介质损耗，以及局放产生的能量会导致绝缘材料的温度升高。此外，在导体连接处由于接触不良，也会引发局部过热。这些异常发热严重时将导致电缆故障。

电缆测温主要采用红外热成像技术。该技术能够将物体发出的不可见红外线转变为可见的热图像，通过查看热图像即可了解被测目标的整体温度分布状况。

红外线在大气中穿透比较好的波段，通常称为“大气窗口”，在短波、中波、长波谱段。一般热像仪的使用波段为：短波窗口为 2~5μm，长波窗口为 8~14μm。红外线波段范围如图 2–1 所示。

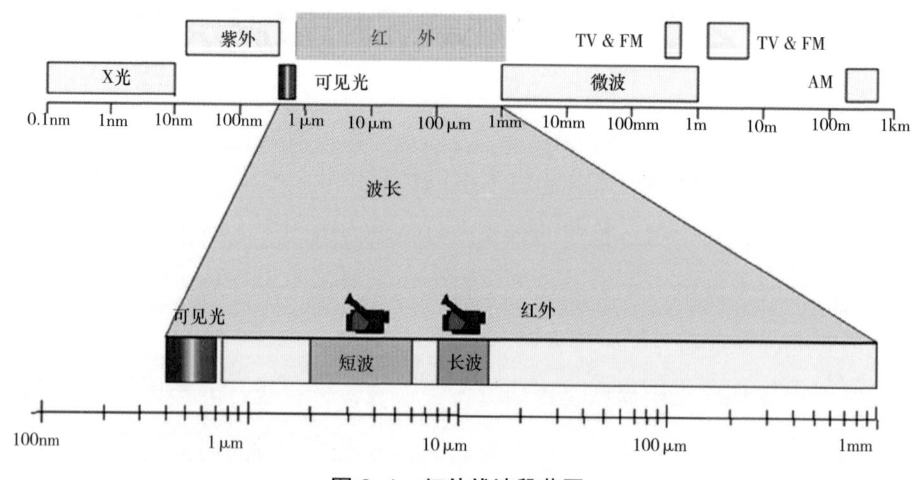

图 2-1 红外线波段范围

红外测温技术采用非接触式测温，并不会改变被测物体原来的温度场分布，具有使用方便、反应迅速、灵敏度高、测温范围广、可实现在线非接触连续测量等诸多优势，在电缆带电检测中得到广泛应用。

电力电缆红外测温主要由红外热像仪完成，红外热像仪必备的功能有以下两个。

1. 测温

红外热像仪的探测器上具有多个测温单元，每个单元接收红外辐射，将接收到的红外辐射转换成电信号，再将每个单元的电信号的大小用灰度等级形式表示。

2. 生成“热像”

成像的原理与测温类似，只是将灰度等级对应到不同的颜色，之后再转换为图像数据，即可生成“热像”。红外热像仪红外图像的生成过程如图 2-2 所示。

通过红外热像仪获得物体的图像和温度数据后，工作人员可以利用这些数据诊断电气设备的运行情况。

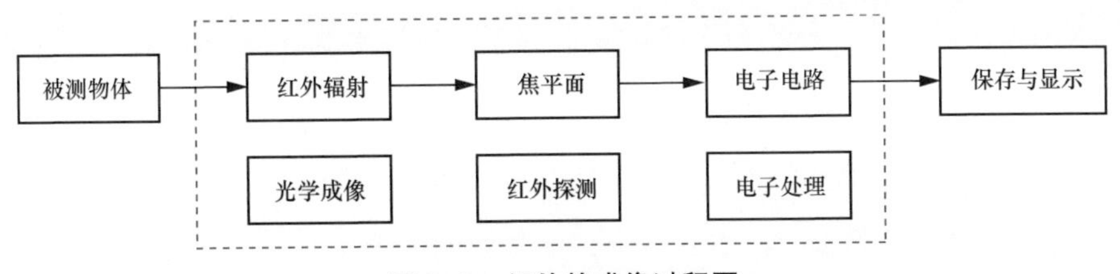

图 2-2 红外热成像过程图

2.1.2 测试要点

正确操作红外热像仪对红外图像质量、设备缺陷发现乃至故障分析都至关重要，因此应避免操作上的失误，现场测试时应注意以下几点：

1. 调整焦距

红外图像存储后，焦距是不能改变的参数之一。焦距调节是否得当将直接影响热像图的清晰度，因此当聚焦被测物体时，应调节焦距直至被测物件图像边缘清晰、轮廓分明，以确保温度测量精度。同时不宜使用数字变焦功能进行聚焦，以防图像失真。

2. 选择测温范围

了解现场被测目标的温度范围，设置正确的温度挡位，当观察目标时，对仪器的温标跨度进行微调，得到最佳的红外热成像图像质量。

3. 设置测量距离

对于非制冷微热量型焦平面探测器，如果仪器距离目标过远，目标将会很小，测温结果将无法正确反映目标物体的真实温度，因为红外热像仪此时测量的温度平均了目标物体以及周围环境的温度。为了得到最精确的测量读数，应尽量缩短测温距离，使目标物体尽量充满仪器的视场，合理设置热成像仪距离参数。必要时应使用中、长焦距镜头。

4. 设置辐射率

温度相同的物体，高辐射率的物体要比低辐射率的物体辐射多。需要进行精确温度测量时，应合理设置被测目标辐射率，同时还应考虑环境温度、湿度、风速、风向、热反射源等因素对测温结果的影响，做好记录。

电缆红外检测应检测以下部位：

1）观察电缆终端引线接头处有无明显发热。

2）观察电缆终端、避雷器从上到下是否温度分布均匀，有无局部发热。

3）电缆终端套管、避雷器相同部位，三相横向比较。

4）电缆终端尾管及接地线有无局部发热。

5）观察电缆接地箱是否存在发热现象。

6）观察电缆本体是否存在局部发热现象。

2.1.3 红外测温诊断依据

根据《电网设备技术标准差异条款统一意见》（国家电网科〔2017〕549号），电缆红外检测标准按《电力电缆及通道运维规程》（Q/GDW 1512—2014）和《高压电缆线路状态检测技术规范》（Q/GDW 11223—2014）的规定执行，如表2–1所示。

表2–1 红外检测缺陷诊断判据

部件	部位	缺陷描述	判断依据	缺陷分类	对应状态量
电缆终端	设备线夹	发热	温差不超过15K，未达到重要缺陷要求	一般	输电导线连接器红外诊断
			热点温度 >90℃或 $\delta \geq 80\%$	严重	
			热点温度 >130℃或 $\delta \geq 95\%$	危急	
	导体连接棒	发热	相对温差超过6℃但小于10℃	一般	电缆终端与金属部件连接部位红外测温
			相对温差大于10℃	严重	
	终端套管	发热	本体相间相对温差超过2℃但小于4℃	一般	电缆套管本体测温
			本体相间相对温差≥4℃	严重	

2.1.4 典型红外测温缺陷图片

电缆终端可能会发生各类缺陷引起终端温度变化，例如终端漏油缺陷、应力锥局部发热、终端搭火点发热、终端尾管发热、终端接地线发热、终端保护器发热和避雷器受潮发热等，电缆终端典型红外检测结果如图 2–3 所示。

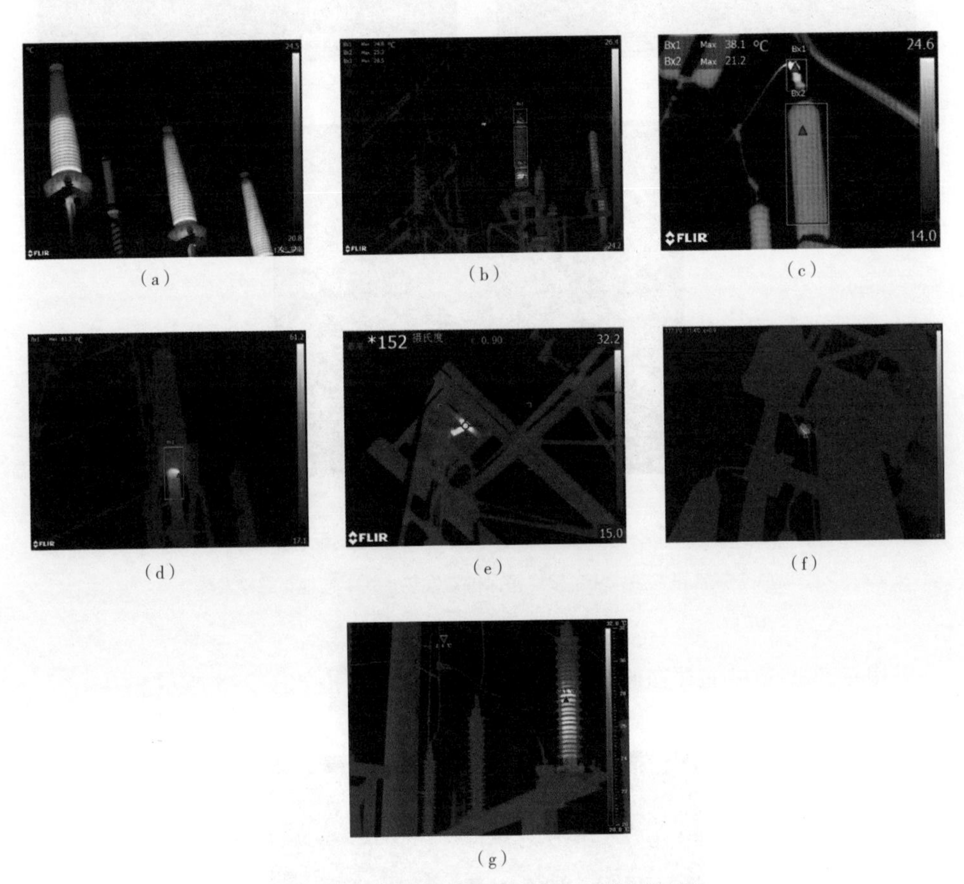

图 2–3 电缆终端典型缺陷红外检测结果

（a）终端漏油缺陷；（b）应力锥局部发热；（c）终端搭火点发热；（d）终端尾管发热；（e）终端接地线发热；（f）终端保护器发热；（g）避雷器受潮发热

电缆接地箱可能会发生接地箱发热、接地箱保护器发热、接地箱螺栓发热等缺陷引起电缆终端温度变化，电缆接地箱典型红外检测缺陷如图 2–4 所示。

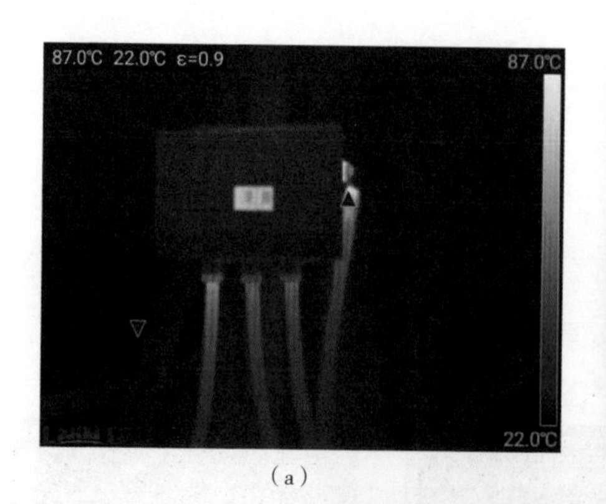

(a)

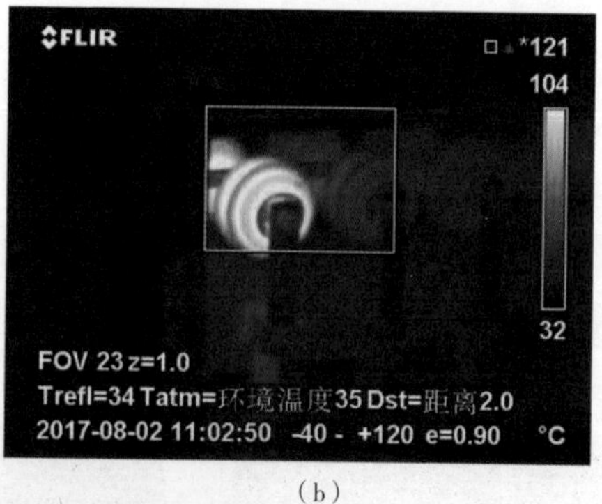

(b)

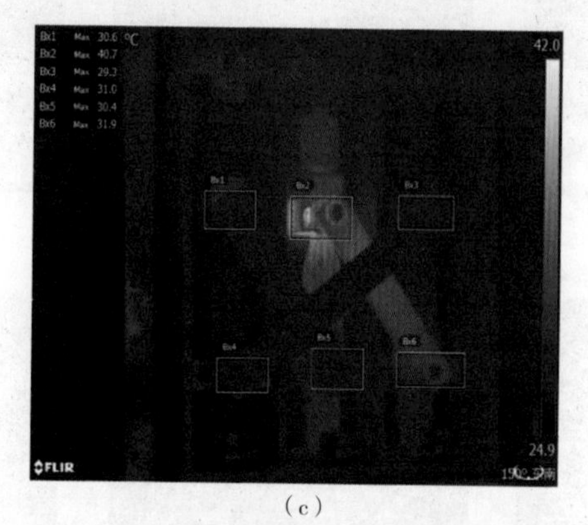

(c)

图 2-4　电缆接地箱典型红外检测缺陷

(a)接地箱发热；(b)接地箱保护器发热；(c)接地箱螺栓发热

电缆外护套可能存在破损发热，其红外检测结果如图 2-5 所示。

图 2-5　电缆外护套破损发热

2.2 接地电流检测技术

2.2.1 基本原理

高压电缆护层接地电流主要由电缆电容电流和金属护层两端接地时的感应电流组成。对于电容电流，由于电缆各相线芯与护层之间如同电容器一样，当电缆充电后，就会产生有微小的电流。当其线芯流经交流电流，会在线芯周围产生感应磁场，该感应磁场强度与通过电缆线芯的电流大小成正比，磁通不仅与电缆的金属护层相链，同时也与线芯回路相链。由于电磁感应效应，其金属护套上产生感应电动势，称为感应电压。当流经的线芯电流增大，其周围磁场相应增加，在金属护套上所引起的感应电压就相应的增大，当电缆线路发生故障或金属护层裸露造成金属护层短接时，金属护层就会与大地之间构成一个有效的电流通路，在其感应电压的条件下产生回路电流，即电缆的接地环流。

接地电流的存在会对电缆造成巨大的影响，首要影响就是降低了电缆线芯的载流量，影响其运行效果，其次由于接地电流的存在，会造成金属护层温度不断上升以及电缆主绝缘一定程度的减弱，缩短电缆运行寿命。因此，接地电流检测对电力电缆安全运行十分重要。

金属护层上的感应电压大小不仅与线芯电流、电缆长度和敷设方式有关，还与周围回路的排列方式、距离等有关。为了保证电缆的安全运行，金属护层一般要可靠接地，同时为了抑制较大的感应接地环流，一般采用单端接地和交叉互联接地的方法进行接地。

1）单端接地。如图 2-6 所示，单端接地的方式是将电缆金属护层的其中一端经过专用的保护装置后接入地网，另一端无须保护装置直接接地。该方式适用于短距离、无中间接头、不分段的单芯电缆，是一种较为普遍的方式，通常用于 500m 以下的线路上。由于金属护层经过保护器与大地构成通路，因此可以有效降低接地电流数值。

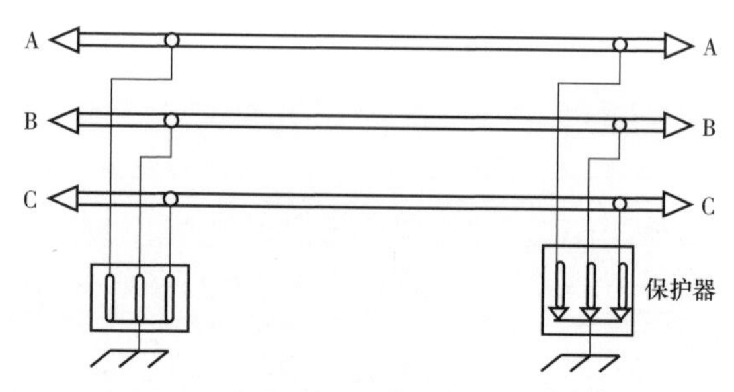

图 2-6 单端接地

2）交叉互联接地。交叉互联接地是最常用也是较为有效的一种接地方式，适用于高电压和长距离（500m 以上）的电缆线路。如图 2-7 所示，其原理是三段等长电缆，将它们相邻处用绝缘接头连接，每一相通过绝缘接头，进行交叉互联，即“A→B→C”“B→C→A”和“C→A→B”的顺序在换位接地箱内进行连接，由于三相金属护层每一相感应电压大小相等，相位相差 120°，经过三相换位后每一段整合后感应电压近似于零，大大降低电缆接地电流。若在工程施工中没有按要求把电缆分成 3 等分，或者在施工过程中，没有认真核对各同轴电缆内外线芯的方向是否统一，而接错相位，会造成接地电流偏大。另外互联箱中的保护器在交流耐压试验时处于接地短接状态，试验完成后若没有解除短接而直接使各相相连，也会导致运行期间接地电流的增大。

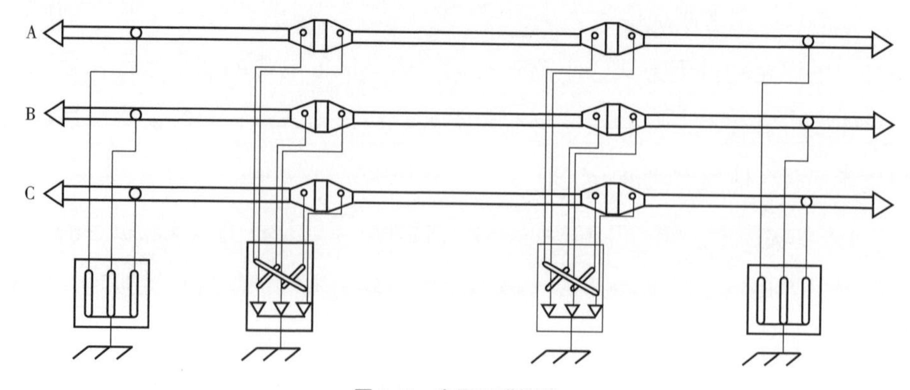

图 2-7 交叉互联接地

2.2.2 测试要点

电缆护层接地电流检测示意图如图 2–8 所示。在采用接地电流检测技术时，测试要点如下：

1）现场通常采用手持式钳形电流表，钳套在电缆护层接地线上来测量护层的接地电流。

2）钳形电流表应携带方便，操作简单，测量精度高，交流电流测量分辨率达到 0.2A，测量结果重复性好。

3）应具备多量程交流电流挡。

4）钳形电流表钳头开口直径应略大于接地线直径。

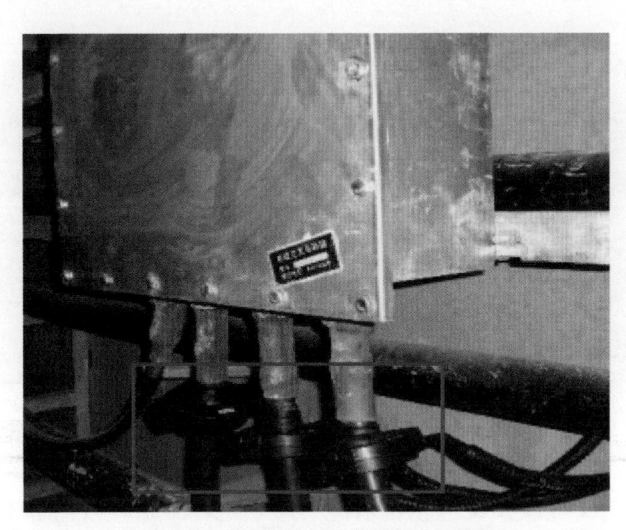

图 2–8 电缆护层接地电流检测示意图

2.2.3 接地电流诊断判据

电缆接地电流检测参照《高压电缆状态检测技术规范》（Q/GDW 11223—2014），判断测试结果并给运行人员提出建议，见表 2–2。

表 2-2　高压电缆接地电流检测诊断依据

测试结果	结果判断	建议策略
满足下面全部条件： 1）接地电流绝对值＜ 50A； 2）接地电流与负荷比值＜ 20%； 3）单相接地电流最大值 / 最小值＜ 3	正常	按正常周期进行
满足下面任何一项条件时： 1）50A ≤接地电流绝对值≤ 100A； 2）20% ≤接地电流与负荷比值≤ 50%； 3）3 ≤单相接地电流最大值 / 最小值≤ 5	注意	应加强监测，适当缩短检测周期
满足下面任何一项条件时： 1）接地电流绝对值＞ 100A； 2）接地电流与负荷比值＞ 50%； 3）单相接地电流最大值 / 最小值＞ 5	缺陷	应停电检查

对电缆护层接地电流的判断应视不同接地方式具体分析，电缆投运初期和后期日常巡视的侧重点也应不同，不能套用同一个标准。分析数据时，要结合电缆线路的负荷情况以及接地电流异常的发展变化趋势，综合分析判断。

1）对于电缆护层单端接地方式，接地电流主要为电容电流，不应随负荷电流变化而变化，单芯电缆的三相接地电流应基本相等，电流绝对值不应与负荷电流比较，而应当与设计值或计算值比较，偏差较大时应查明原因。

2）对于交叉互联系统，正常情况下应当三相平衡且数值都不大，当接地电流大于负荷电流的 10%或三相差别较大时，应检查交叉互联接线是否错误，分段是否合理。

3）在电缆投运初期测量中，应重点分析是否存在电缆安装、设计错误；在日常巡视中，应注重与初期值比较，有较大差异时，应查找电缆外护套绝缘及电缆接地系统故障。

2.3 高频局放检测技术

2.3.1 基本原理

电力电缆中的局放现象是指电缆运行过程中由于局部区域电场过强引起的介质放电，但是绝缘层未出现击穿现象，由于放电区域与电缆内芯仍然有绝缘层的阻隔，电力电缆还可以正常运行。局放的过程就像滴水穿石一样，开始阶段局放量很小，放电范围也很窄，对电缆的破坏也很小。但如果放任这种放电的发生，对绝缘层的破坏会不断加深，放电的范围也会不断变宽，最终就有可能导致电缆绝缘层的损坏或者击穿，一旦绝缘层击穿就会导致电力系统发生严重事故。

由于电缆缺陷的位置以及故障发生的作用原理不同，局放的原因有许多种。局放可以分为电晕放电、沿面放电、内部放电以及悬浮放电。当电缆绝缘内部产生局放时，放电所产生的高频脉冲电流沿着电缆的线芯和金属屏蔽层同时向不同的方向传播，在金属屏蔽层和接地线上产生不均衡电流进而产生变化的磁场，利用高频电流传感器可检测电缆本体及附件的局放缺陷。

2.3.2 测试要点

目前普遍使用的传感器为钳形高频电流传感器、电容型传感器和电磁感应型电流传感器，不同传感器现场使用及测试要点如下：

1）钳形高频电流传感器。可安装在电缆的接地线或者交叉互联箱内的互联铜排上。对交叉互联系统，宜通过辅助取样电容臂短接互联铜排进行取样。从电缆接地回路取信号时，钳形高频电流传感器的安装位置和方式如图 2-9 所示。从电缆本体取信号时，钳形高频电流传感器的安装位置和方式如图 2-10 所示。在同一组终端或接头测试中，高频电流传感器标记方向应与接地线入地电流方向保持统一关系。对同一设备应保持每次测试点的位置一致，以便于进行比较分析。

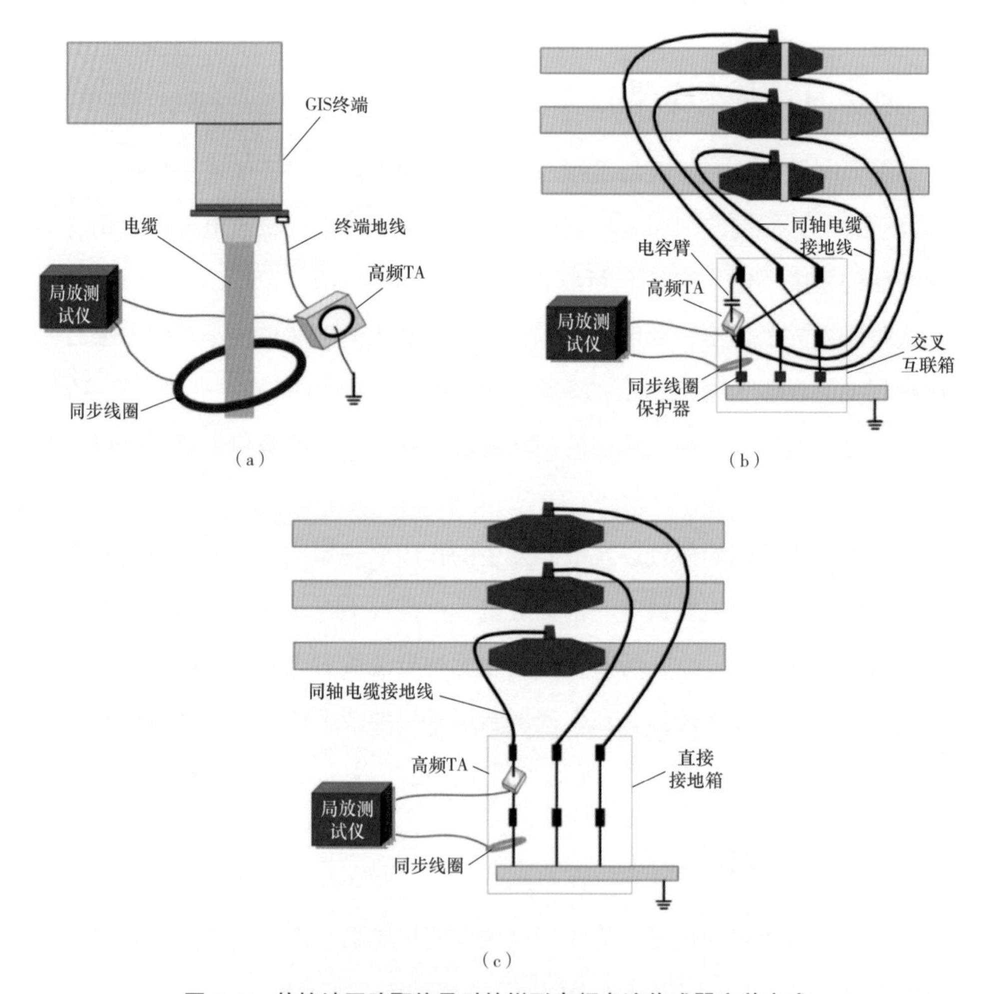

图 2-9 从接地回路取信号时的钳形高频电流传感器安装方式

（a）GIS 终端；（b）直通中间接头；（c）绝缘中间接头

2）电容型传感器。首先应在电缆本体或中间接头表面构建分压电容臂，可通过绕包锡箔纸或者缠绕铜屏蔽的方式实现。电容型传感器的安装方式如图 2-11 所示。

3）电磁感应型电流传感器。应直接将传感器平铺且紧贴于电缆本体。电流感应型电流传感器的安装位置和方式如图 2-12 所示。

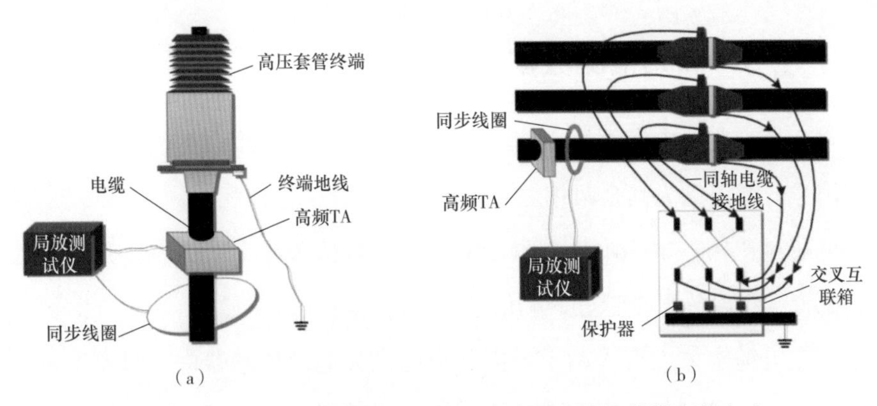

图 2-10　从电缆本体取信号时的钳形高频电流传感器安装方式

(a) 电缆终端；(b) 中间接头

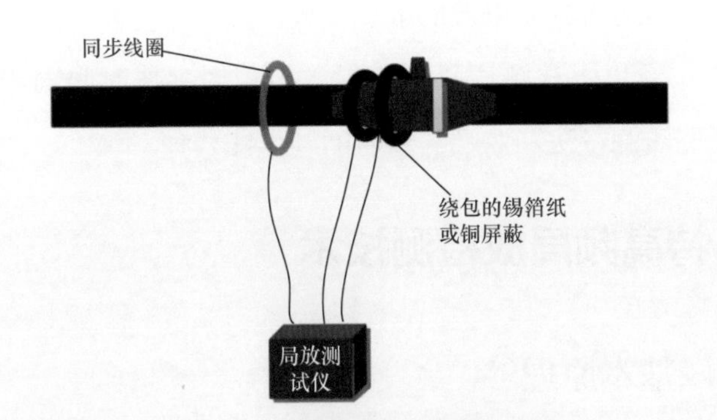

图 2-11　电容型传感器安装方式

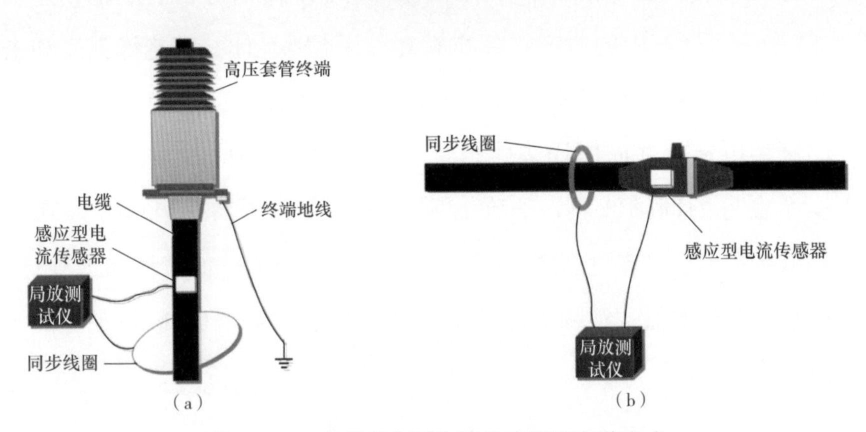

图 2-12　电磁感应型电流传感器的安装方式

(a) 电缆终端；(b) 中间接头

2.3.3 高频检测数据分析与定位

对于交叉互联电缆系统，检测到局放信号且某一相极性与其余两相相反，此相信号的幅值约为其余两相之和，可定位局放位于该相。

可通过比较各电缆附件测得局放信号的幅值和频率来进一步判断局放发生的位置，距离放电点越近，幅值越高，高频特征越明显。

可在电缆本体上接入两个方向一致的高频电流传感器进行时差定位。当检测到的局放信号极性相同时，局放源位于两个高频电流传感器范围之外。反之，局放源位于两个高频电流传感器之间，可通过计算两个传感器测得的局放信号脉冲的时延得到放电源的准确位置。

当采用两个及以上检测主机进行时差定位时，按时间同步方法的差异，又可分为光纤同步测量法和双端异步时间补偿法两种。

2.4 特高频局放检测技术

2.4.1 基本原理

电缆线路进入变电站后，一般采用GIS电缆终端与变电设备相连，如图2-13所示。运行中的GIS内部充有高气压SF_6气体，其绝缘强度和击穿场强都很高。当局放在很小的范围内发生时，气体击穿过程很快，将产生很陡的脉冲电流，并向四周辐射出特高频电磁波。GIS设备的腔体结构相当于一个良好的同轴波导，非常有利于电磁波的传播。当GIS内部存在局部放电现象时，所产生的特高频电磁波能够沿着GIS的管体向远处传播。通过在GIS体外的盆式绝缘子处安放天线，则可以检测到GIS设备内部的特高频局放信号。

图 2-13　高压电缆 GIS

特高频检测法就是利用特高频天线采集电力电缆局部放电所产生的特高频电磁波信号，从而实现电力电缆局部放电的检测。当电力设备内部绝缘缺陷产生局部放电时，激发出的电磁波会透过环氧材料等非金属部件传播出来，便可通过外置特高频传感器进行检测。同理，若采用内置式特高频传感器则可直接从设备内部检测局放激发出来的电磁波信号。特高频检测法基本原理图如图 2-14 所示。

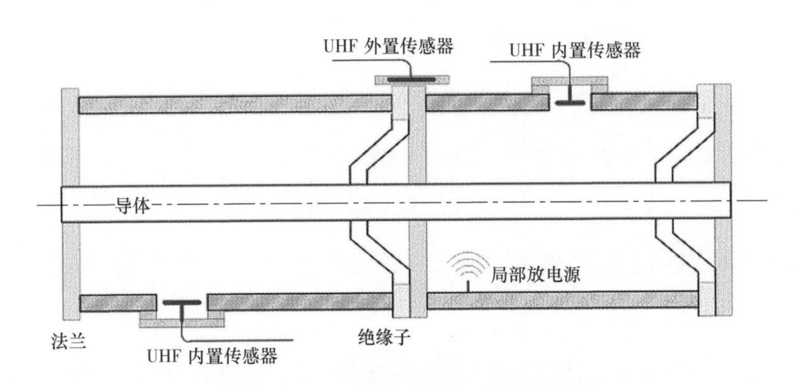

图 2-14　特高频检测法基本原理图

特高频检测的优点是具有良好的抗干扰能力，不会受到外界干扰源的影响。特高频检测法可以检测 300MHz~3GHz 的局部放电信号，外界的干扰噪声的频率通常在 200MHz 以下，空气中的电晕放电频率也不超过 300MHz，这些外界干扰信号的频带均在特高频检测频带之外，使得特高频检测法具有良好的抗干扰能力，不会受到外界干扰源的影响。特高频信号在电缆本体传输衰减很快，因此电缆局放特高频检测技术多用于电缆附件或电缆 GIS 终端、变压器终端等故障检测。同时特高频检测法在各种电力设备的现场应用中，以 GIS 中的局放检测效果最好，目前已是国际上对 GIS 设备普遍采用的状态检测技术，可以达到相当于几个 pC 的检测灵敏度。

2.4.2 测试要点

以 GIS 盆式绝缘子为对象，在采用特高频法检测局放时，测试要点如下：

1）设备连接。按照设备接线图连接测试仪各部件，将传感器固定在盆式绝缘子上，将检测仪主机及传感器正确接地，计算机、检测仪主机连接电源，开机。

2）工况检查。开机后，运行检测软件，检查主机与电脑通信状况、同步状态、相位偏移等参数；进行系统自检，确认各检测通道工作正常。

3）设置检测参数。设置变电站名称、检测位置并做好标注。根据现场噪声水平设定各通道信号检测阈值。

4）信号检测。打开连接传感器的检测通道，观察检测到的信号。如果发现信号无异常，保存少量数据，退出并改变检测位置继续下一点检测；如果发现信号异常，则延长检测时间并记录多组数据，进入异常诊断流程。必要的情况下，可以接入信号放大器。

测试注意事项如下：

1）特高频局放检测仪适用于检测盆式绝缘子为非屏蔽状态的 GIS 设备，若 GIS 的盆式绝缘子为屏蔽状态则无法检测。

2）检测中应将同轴电缆完全展开，避免同轴电缆外皮受到剐蹭损伤。

3）传感器应与盆式绝缘子紧密接触，且应放置于两根禁锢盆式绝缘子螺栓的中间，以减少螺栓对内部电磁波的屏蔽及传感器与螺栓产生的外部静电干扰。

4）在测量时应尽可能保证传感器与盆式绝缘子的接触，不要因为传感器移动引起的信号而干扰正确判断。

5）在检测时应最大限度保持测试周围信号的干净，尽量减少人为制造出的干扰信号，例如：手机信号、照相机闪光灯信号、照明灯信号等。

6）在检测过程中，必须要保证外接电源的频率为50Hz。

7）对每个GIS间隔进行检测时，在无异常局放信号的情况下只需存储断路器仓盆式绝缘子的三维信号，其他盆式绝缘子必须检测但可不用存储数据。在检测到异常信号时，必须对该间隔每个绝缘盆子进行检测并存储相应的数据。

8）在开始检测时，不需要加装放大器进行测量。若发现有微弱的异常信号时，可接入放大器将信号放大以方便判断。

2.4.3 特高频检测诊断判据

常见的典型缺陷包括：内部放电、悬浮放电、电晕放电和自由金属颗粒放电。

1. 内部放电

内部放电主要是由设备绝缘内部存在空穴、裂纹、绝缘表面污秽等引起的设备内部非贯穿性放电现象，该类缺陷与工频电场具有明显的相关性，是引起设备绝缘击穿的主要威胁。其典型PRPS、PRPD谱图见图2-15。

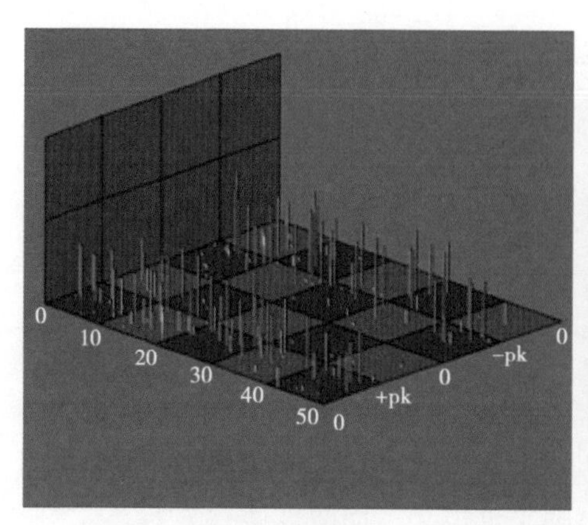

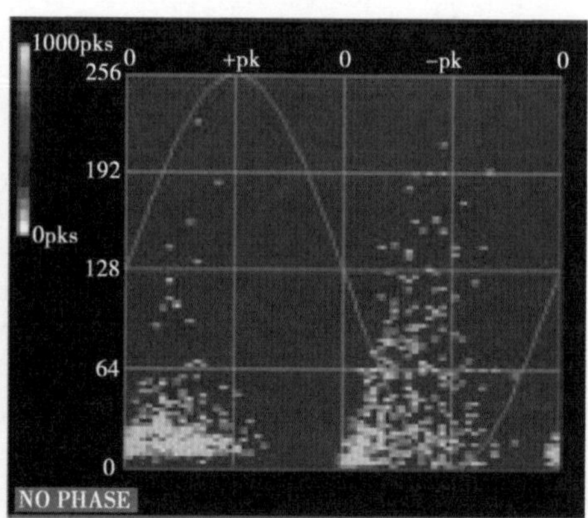

图 2-15　内部放电典型 PRPS、PRPD 谱图

2. 悬浮放电

悬浮放电是指设备内部某一金属部件，与导体（或接地体）失去电位连接，存在一较小间隙，从而产生的接触不良放电。通常在产生悬浮电极放电时，悬浮部件往往伴随着振动，因此也可分为可变间隙的悬浮放电和固定间隙的悬浮放电。其典型 PRPS、PRPD 谱图如图 2-16 所示。

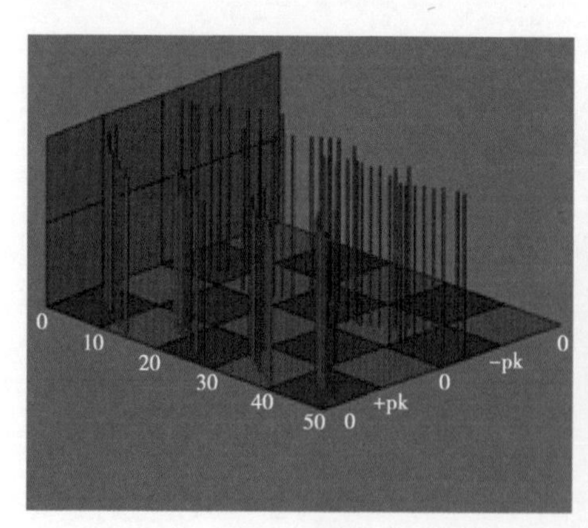

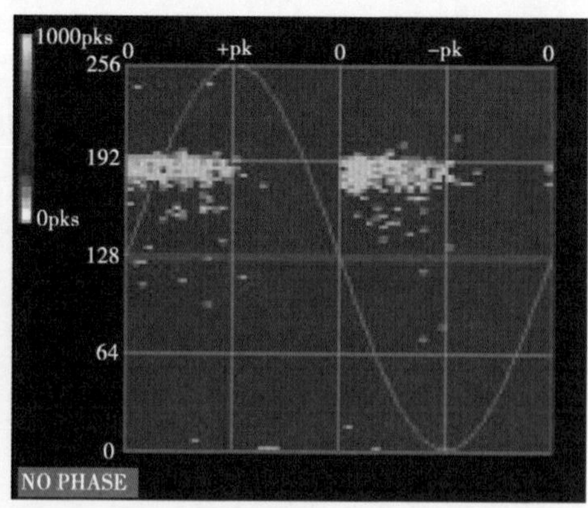

图 2-16　悬浮放电典型 PRPS、PRPD 谱图

对于存在振动的可变间隙，由于振动时，振幅非常有限，对间隙影响不大，因此很短时间内的振动导致间隙改变的距离很小，其放电量仍可视为稳定。

3. 电晕放电

电晕放电主要由设备内部导体毛刺、外壳毛刺等引起，是气体中极不均匀电场所特有的一种放电现象。该类缺陷较小时，往往会逐渐烧蚀掉，对设备的危害较小，但在过电压作用下仍旧会存在设备击穿隐患，应根据信号幅值大小予以关注。其典型 PRPS、PRPD 谱图如图 2-17 所示。

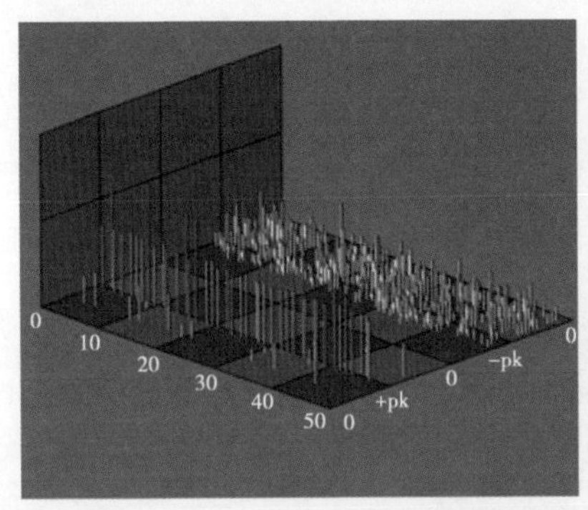

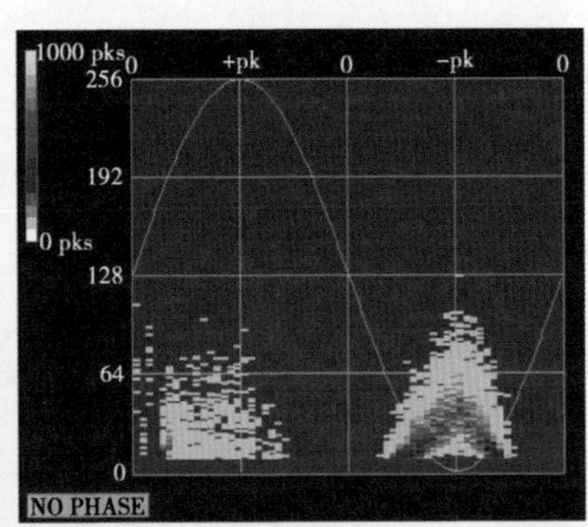

图 2-17 电晕放电典型 PRPS、PRPD 谱图

4. 自由金属颗粒放电

自由金属颗粒放电主要由设备安装过程或开关动作过程产生的金属碎屑而引起。随着设备内部电场的周期性变化，该类金属微粒表现为随机性移动或跳动现象，当微粒在高压导体和低压外壳之间跳动幅度加大时，则存在设备击穿危险，应予以重视。其典型 PRPS、PRPD 谱图如图 2-18 所示。

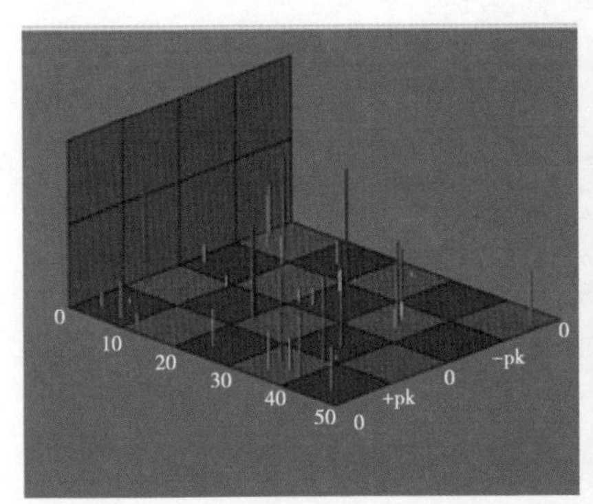

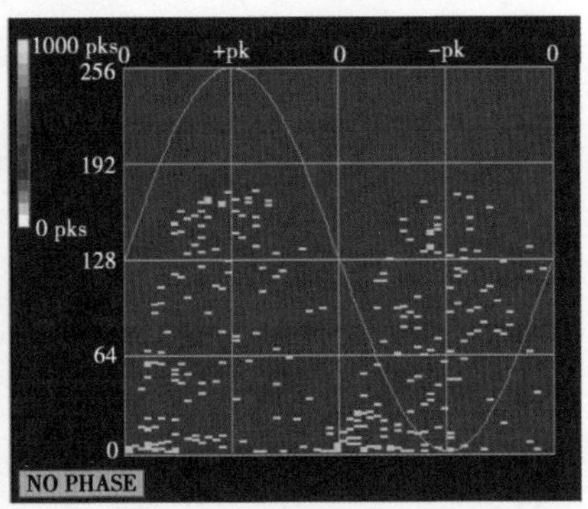

图 2-18 自由颗粒放电典型 PRPS、PRPD 谱图

2.5 超声波局放检测技术

2.5.1 基本原理

电力电缆发生局部放电时会产生超声波信号，超声波局放检测法就是依据这一现象的电缆检测方法。

超声波局放检测法是一种非侵入式检测方法，根据传感器类型可分为接触式与敞开式两种检测形式。对于高压电缆及附件而言，由于超声信号在经过不同介质时衰减很大，因此接触式超声传感器更适合于现场使用，其原理如图 2-19 所示。电力电缆本体或附件由于局部缺陷而产生局放，放电所激发的声信号频带较宽，且声信号在电缆中的传输速率不高，因此，利用超声压电传感器来检测局放超声信号，然后通过信号处理、特征提取达到缺陷类型识别及局放源定位的目的。然而，声信号频率越高，其在电缆中传播衰减越快，研究表明，检测 20~300kHz 的声信号用以表征电缆局放特征最为合适。由于不间断敷设的电缆本体一般为几十米至百米左右，因此，本体绝缘缺陷的局放超声信号到达检测终端时已衰减得很弱，远远淹没于背景噪声中，故该技术主要用于电缆附件、终端绝缘缺陷在线监测或带电检测中。

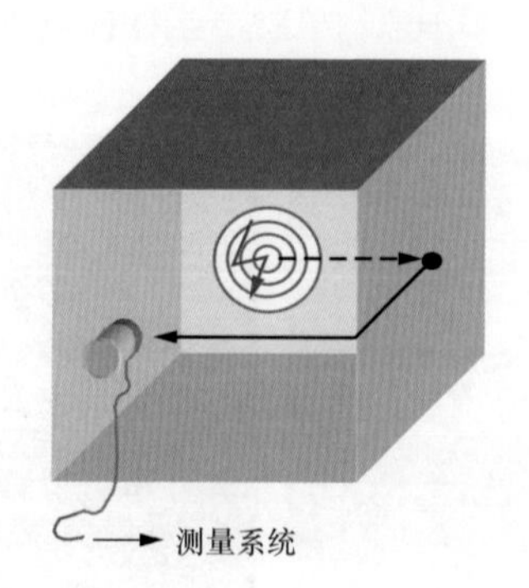

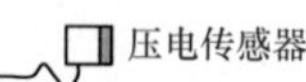

图 2-19 超声波局放检测原理图

电缆局放超声波检测具有如下优点：

1）与脉冲电流法等电测法相比，超声波法具有受现场电磁干扰影响小的优点。

2）超声波传感器通过接触设备外壳或者不接触的方式采集局放信号，这种非侵入式方法检测方法不会对电力设备的正常运行和操作产生影响。

3）便于实现空间定位。超声波在特定的媒质中传播具有很强的方向性和定向传播速度，因此可以利用局放产生的局放电磁信号与超声信号之间的相对时间差或者多个超声传感器接收放电信号的时间差，对局放源进行定位。

2.5.2 测试要点

在采用超声波法检测局放时，测试要点如下：

1）传感器的选择。一般对 GIS 设备检测时，传感器的频率范围为 20~100kHz，谐振频率为 40kHz。

2）检测背景信号。检测前，应尽量清理现场的干扰声源，避免物体与 GIS 壳体摩擦。推荐在 GIS 外壳底架检测背景信号。

3）测点的选择。由于超声波信号随距离增加而显著衰减，故检测点不宜太少。对于 GIS 电缆终端而言，应在 GIS 壳体、电缆环氧套管、金属尾管等位置进行测量。三相共仓的电缆终端建议在横截面上每 120° 选取至少 1 个测点。

4）信号源定位。超声波局部放电定位一般分为频率定位与幅值定位两种技术。频率定位是利用 SF_6 气体对超声信号中高频信号的吸收作用，分析高频部分（50~100Hz）的比例来区分缺陷位于中心导体还是外壳上。对于稳定缺陷，可利用幅值定位与时差定位技术进行精确定位。

测试注意事项如下：

1）检测过程中，应避免敲打被测设备，防止外界振动信号对检测结果造成影响。

2）应使用合格的耦合剂，可采用工业凡士林等，耦合剂应保持洁净，不含固体杂质。

3）检测过程中，耦合剂用量适中，应保证涂抹耦合剂的传感器可不需要外力即可固定在设备外壳上，如图 2–20 所示。

4）在条件具备时，可使用耳机监听被测设备内部放电现象。

5）由于超声波衰减较快，因此在开展局放超声波检测时，两个检测点之间的距离不应大于 1m。

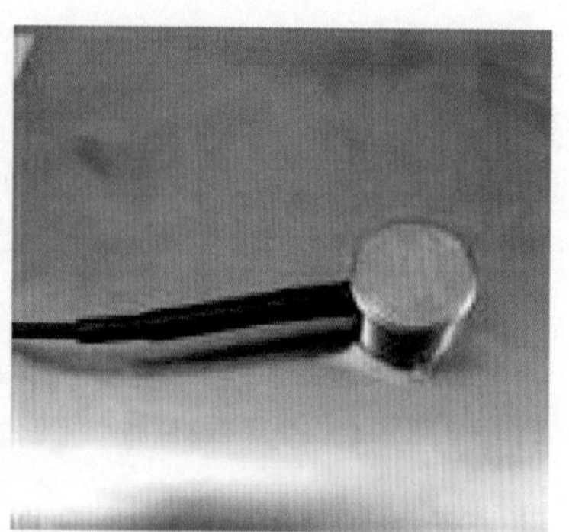

图 2–20 耦合剂涂抹方式

2.5.3 超声波检测诊断判据

1. 自由颗粒放电

自由颗粒放电的图谱和特征如表 2–3 所示，检测时的图谱符合下述特征判定为自由颗粒放电缺陷：

1）由于自由颗粒的跳跃高度、与外壳的碰撞强度和碰撞时间均有随机性，故此类缺陷的超声波信号相位特征不明显，频率成分幅值均较小。

2）当自由颗粒直接碰撞外壳会产生较大的超声波信号有效值和周期峰值，在时域波形模式下，检测图谱中可见明显的脉冲信号，但脉冲的周期性不明显。

3）脉冲检测模式下，可用专门的“飞行图”来统计自由颗粒与外壳碰撞次数与时间的关系，其图谱具有“三角驼峰”形状特点。

表 2–3　自由颗粒放电的图谱和特征

检测模式	典型图谱	图谱特征
连续检测模式	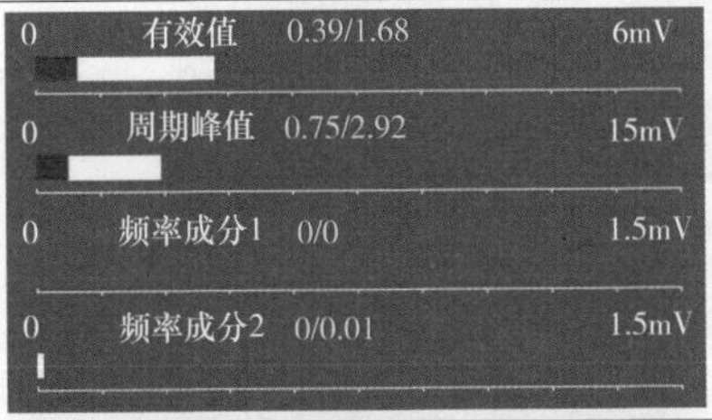	1）有效值及周期峰值较背景值明显偏大； 2）频率成分 1、频率成分 2 特征不明显
相位检测模式	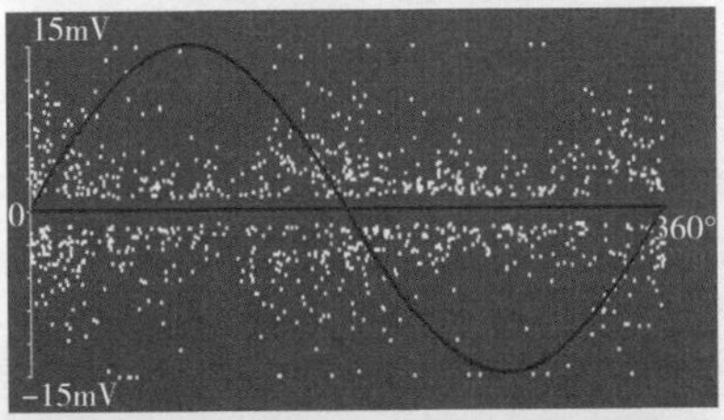	无明显的相位聚集相应，但可发现脉冲幅值较大
时域波形检测模式	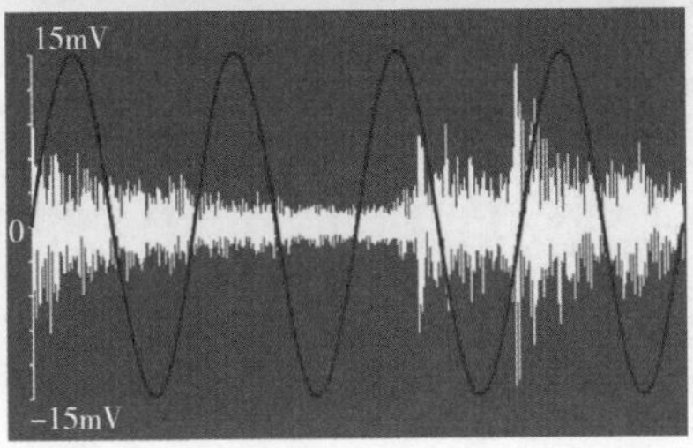	有明显脉冲信号，但该脉冲信号与工频电压的关联性小，其出现具有一定随机性
特征指数检测模式	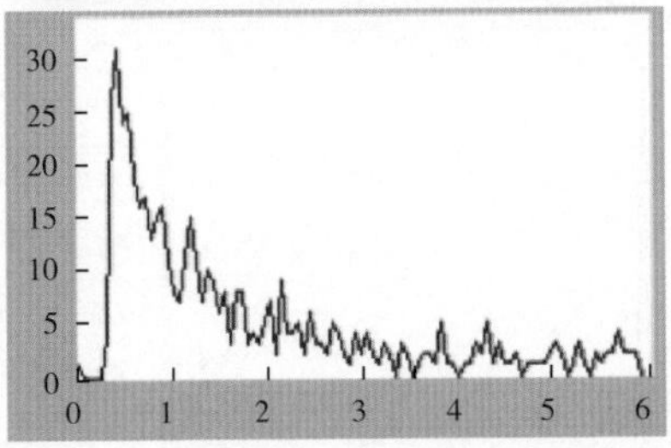	无明显规律，峰值未聚集在整数特征值

2. 内部悬浮电位放电

GIS 内部悬浮电位放电缺陷的等效电容在充放电过程中会产生局部放电，

并伴随着强烈的超声波信号，其图谱和特征见表 2-4。

表 2-4 内部悬浮相位放电典型图谱和特征

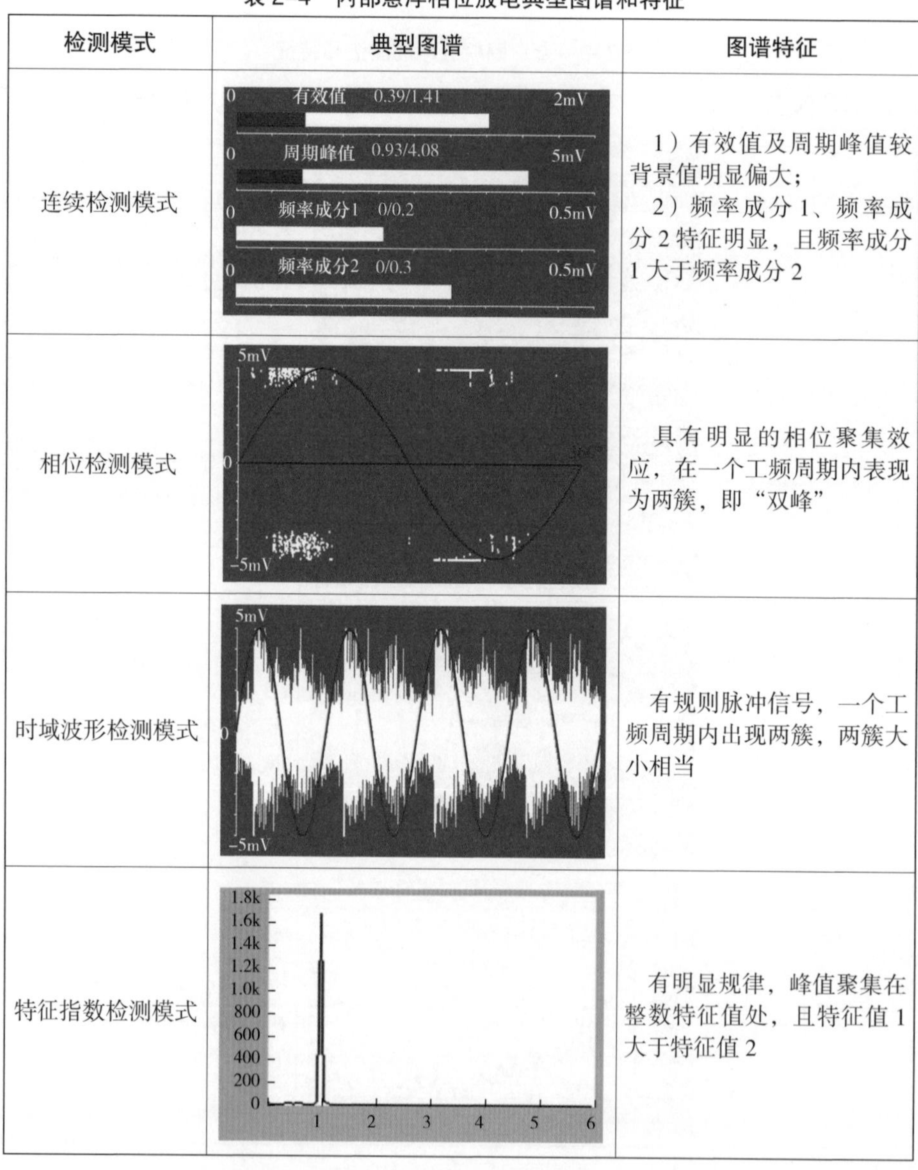

检测模式	典型图谱	图谱特征
连续检测模式		1）有效值及周期峰值较背景值明显偏大； 2）频率成分 1、频率成分 2 特征明显，且频率成分 1 大于频率成分 2
相位检测模式		具有明显的相位聚集效应，在一个工频周期内表现为两簇，即“双峰”
时域波形检测模式		有规则脉冲信号，一个工频周期内出现两簇，两簇大小相当
特征指数检测模式		有明显规律，峰值聚集在整数特征值处，且特征值 1 大于特征值 2

符合以下图谱特征的可判断为悬浮电位放电缺陷：

1）超声波局放信号的产生与施加在其两端的电压有明显的关联。

2）在超声图谱中表现出明显的50Hz和100Hz相关性，100Hz相关性大于50Hz相关性。

3）在相位检测模式下，检测图谱有明显的相位聚集效应。

4）在特征指数检测图谱中，放电次数累计图谱波峰主要位于整数特征值1处。

3. 内部放电

符合以下图谱特征的可判断为内部放电：

1）信号不稳定，但不像自由颗粒那样变化大，有一定的稳定值。

2）信号的50Hz相关性较强，一般也有100Hz相关性。

3）特征指数检测模式下信号无明显规律。

4. 电晕放电

电晕放电的图谱及特征见表2-5，符合以下图谱特征的可判断为电晕缺陷：

1）超声波局部放电信号的产生与施加在其两端的电压有明显的关联。

2）在超声图谱中表现出明显的50Hz和100Hz相关性，50Hz相关性大于100Hz相关性。

3）在相位检测模式下，检测图谱有明显的相位聚集效应。

4）在特征指数检测图谱中，放电次数累计图谱波峰主要位于整数特征值2处。

表2-5 电晕放电的典型图谱及特征

检测模式	典型图谱	图谱特征
连续检测模式	0 有效值 0.34/0.65 2mV 0 周期峰值 0.88/1.42 5mV 0 频率成分1 0/0.17 0.5mV 0 频率成分2 0/0.13 0.5mV	1）有效值及周期峰值较背景值明显偏大； 2）频率成分1、频率成分2特征明显，且频率成分1大于频率成分2

续表

检测模式	典型图谱	图谱特征
相位检测模式	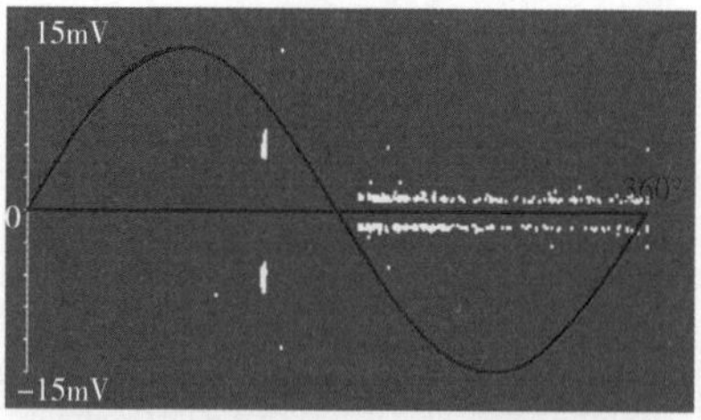 15mV 0 360° -15mV	具有明显的相位聚集相应，但在一个工频周期内表现为一簇，即“单峰”
时域波形检测模式	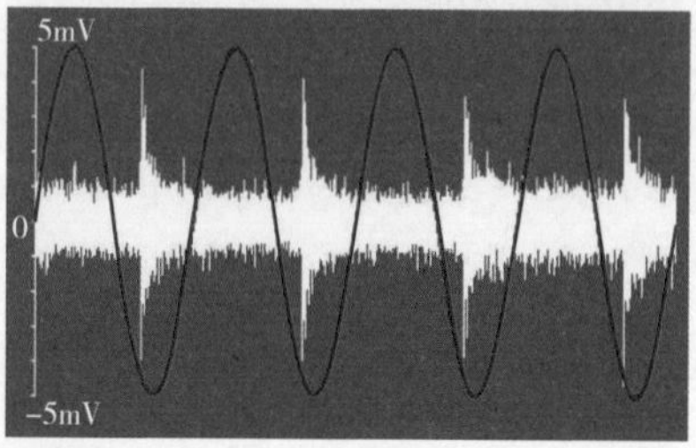 5mV 0 -5mV	有规则脉冲信号，一个工频周期内出现一簇。（或一簇幅值明显较大，一簇明显较小）
特征指数检测模式	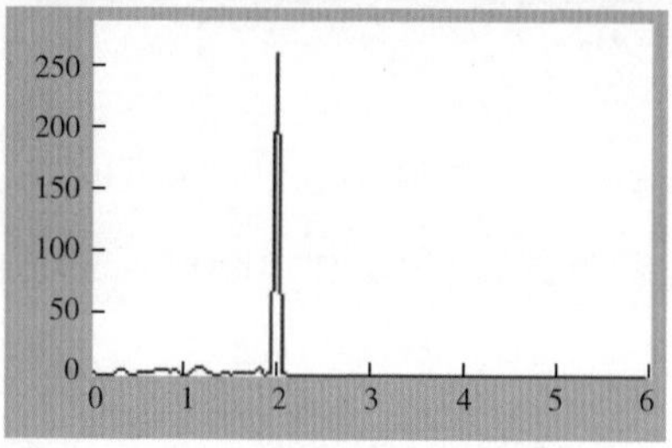 250 200 150 100 50 0 0 1 2 3 4 5 6	有明显规律，峰值聚集在整数特征值处，且特征值 2 大于特征值 1

以上反映了四类典型缺陷的超声波信号特征，在实际检测过程中因缺陷位置和运行工况不同，实际测试图谱和典型图谱会存在一定的差异。检测时将现场图谱和典型图谱库进行合理比对，可以提高判断缺陷类型的正确率。

特高频局放检测与超声波检测方法对比如表 2-6 所示。

表 2-6　特高频与超声波检测方法对比

项目	特高频	超声波
检测信号	特高频电磁波信号	超声波信号
抗干扰	对电晕放电较不敏感，易受悬浮放电影响	对电气干扰较不敏感，易受振动噪声影响

续表

项目	特高频	超声波
灵敏度	对各种放电缺陷均较敏感，但不能发现弹垫松动、粉尘飞舞等非放电性缺陷	仅对部分放电缺陷敏感，能发现弹垫松动、粉尘飞舞等非放电性缺陷
检测范围	＞ 10m	＜ 1m
定位功能	不具备（实现困难）	具备（实现简单）
缺陷定量	与 pC 值没有直接关系	与 pC 值没有直接关系

2.6 涡流探伤检测技术

2.6.1 基本原理

将导体放入变化的磁场中时，由于在变化的磁场周围存在着涡旋的感生电场，感生电场作用在导体内的自由电荷上，使电荷运动，会形成涡流，如图 2–21 所示。

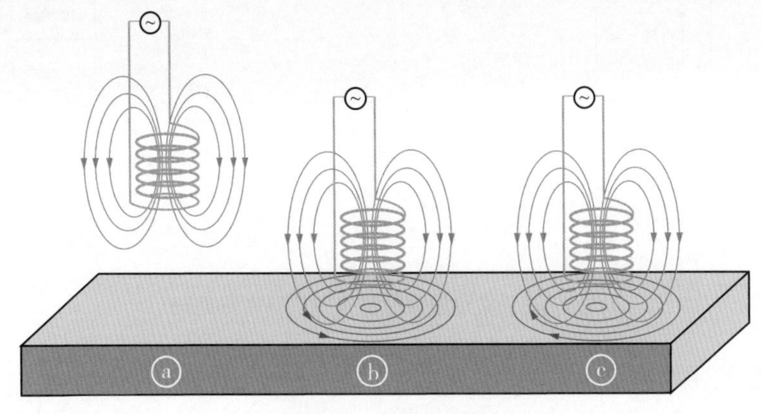

图 2–21 涡流电场

涡流检测（eddy current testing，ET）是指根据法拉第电磁感应定律，在检测线圈上接通交流电，产生垂直于检测对象的交变磁场，如图 2–22 所示。

检测线圈靠近被检测对象时，该检测对象表面感应出涡流同时产生与原磁场方向相反的磁场，部分抵消原磁场，导致检测线圈电阻和电感变化。若金属工件存在缺陷，将改变涡流场的强度及分布，使线圈阻抗发生变化，检测该变化可判断有无缺陷。

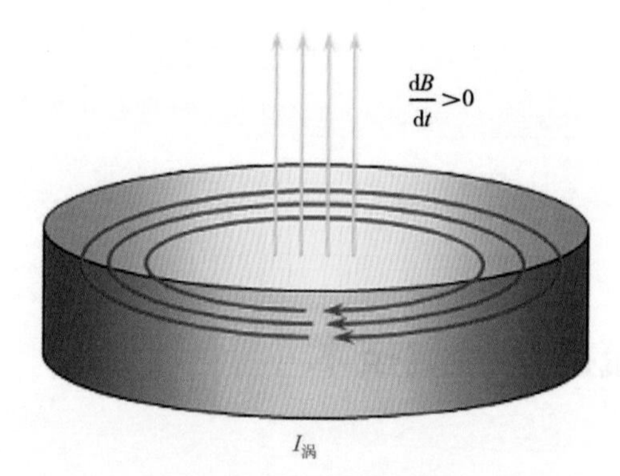

图 2-22 涡流检测原理

涡流检测仪的各类仪器电路的组成有所不同，但工作原理基本是相同的。常用涡流探伤检测仪的基本原理如图 2-23 所示。

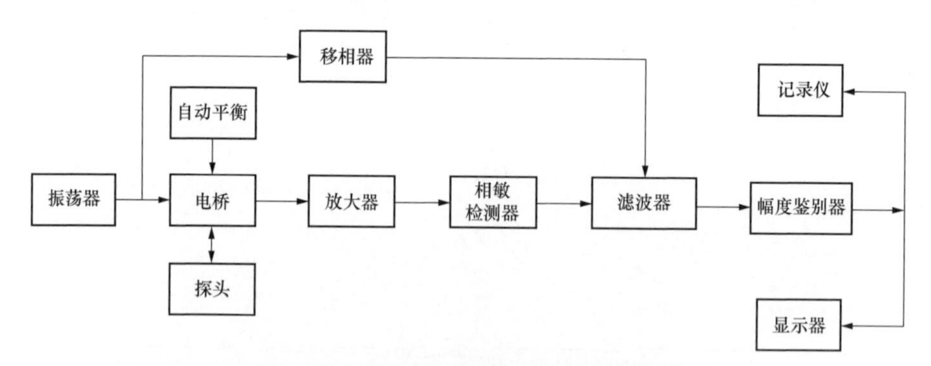

图 2-23 常用涡流探伤检测仪基本原理图

涡流检测的特点如下。

1. 优点

1）检测时，线圈不需要接触检测对象，也无须耦合介质，所以检测速度快。

2）对检测对象表面或近表面的缺陷，有很高的检测灵敏度，且在一定的范围内具有良好的线性指示，可用作质量管理与控制。

3）可在高温状态、检测对象的狭窄区域、深孔壁（包括管壁）进行检测。

4）能测量金属覆盖层或非金属涂层的厚度。

5）可检验能感生涡流的非金属材料，如石墨等。

6）检测信号为电信号，可进行数字化处理，便于存储、再现及进行数据比较和处理。

2. 缺点

1）对象必须是导电材料，只适用于检测金属表面缺陷。

2）检测深度与检测灵敏度是相互矛盾的，对一种材料进行涡流检测时，须根据材质、表面状态、检验标准作综合考虑，然后再确定检测方案与技术参数。

3）采用穿过式线圈进行涡流检测时，对缺陷所处圆周上的具体位置无法判定。

4）旋转探头式涡流检测可定位，但检测速度慢。

2.6.2 测试要点

涡流探伤仪器工作过程为：信号发生器产生交变电流供给检测线圈，线圈产生交变磁场并在工件中感生涡流，涡流受到工件性能的影响并反过来使线圈阻抗发生变化，然后通过信号检测电路取出线圈阻抗的变化，其中包括信号放大、信号处理消除干扰，最后显示检测结果，如图 2-24 所示。

图 2-24 电缆涡流检测

现场涡流检测测试要点及注意事项如下：

1）检测前应对被检电缆附件形状、尺寸、位置等进行了解，以便于合理选择检测系统及方法。

2）检测现场附近不应有影响仪器正常工作的磁场、振动、腐蚀性气体等干扰。

3）检测仪器应具有可显示检测信号幅度及相位的功能，仪器的激励频率调节和增益范围应满足检测要求。

4）检测线圈的形式及有关参数应和检测对象及检测要求相适应，记录装置应能及时、准确记录检测仪器的输出信号。

2.6.3 涡流探伤检测诊断判据

根据探头阻抗幅值和相位可以判断电缆接头铅封状态，如图 2-25 所示，通过对比非缺陷处和缺陷处的信号，可以发现在缺陷位置涡流信号幅值明显增大、相位发生偏移，并且缺陷越严重，信号幅值及相位偏移越明显，当超出报警阈值时，则诊断为铅封缺陷。

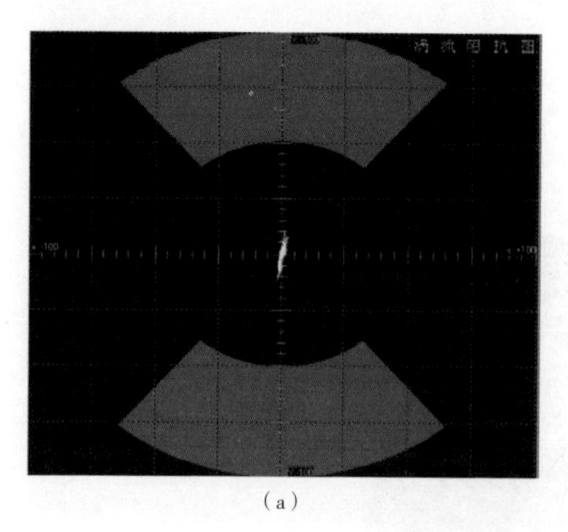

（a）

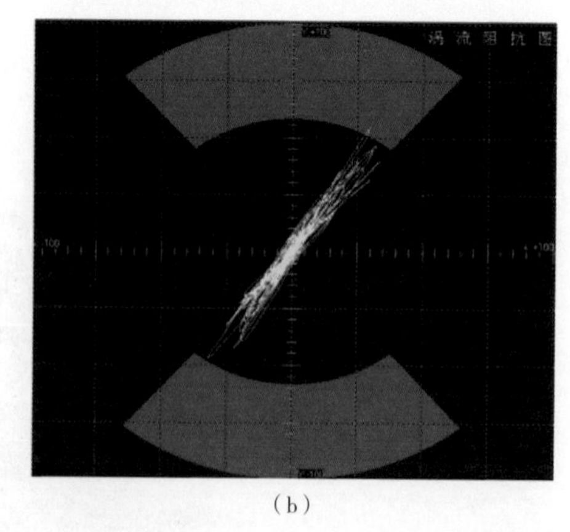

（b）

图 2-25 涡流检测信号

（a）非缺陷处；（b）缺陷处

2.7 X射线检测技术

2.7.1 基本原理

目前常用的低能X射线（MeV以下）是在X射线管中产生的。X射线管是1个具有阴阳两极的真空管，阴极是钨丝，阳极是金属制成的靶。在阴阳两极之间加有很高的直流电压（管电压），当阴极加热到白炽状态时释放出大量热电子，这些电子在高压电场中被加速，从阴极飞向阳极（管电流），最终以很大速度撞击在金属靶上，失去所具有的动能，这些动能绝大部分转换为热能，仅有极少一部分转换为X射线向四周辐射。常见X射线管结构如图2–26所示。

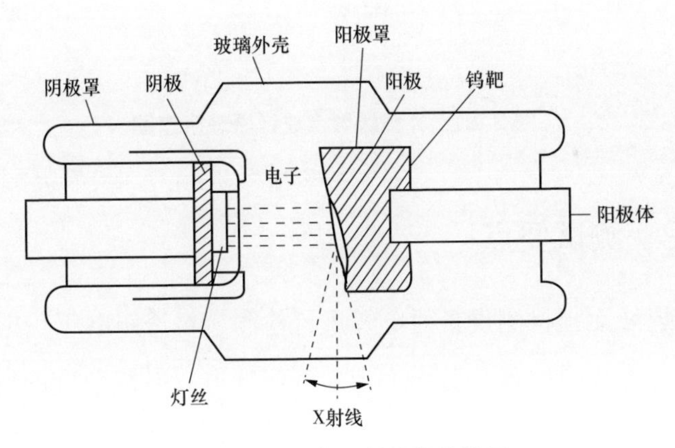

图2–26　玻璃X射线管结构图

通过对X射线谱进行分析发现，X射线谱可分为两部分：一部分为连续谱，和管电压大小有关，另外一部分和靶的材质有关，称为特征谱。

图2–27为X射线数字成像原理示意图。由于电力电缆所使用的材料有所不同，使用X射线对电力电缆进行照射穿透时，由于X射线被吸收的程度不同，投射在X射线胶片上的图像相应地也会呈现出一定的差异。当X射线的原始强度为I_0时，当X射线通过材料后（线吸收系数为u、厚度为t），X射

线的强度因为被材料吸收而衰减为 I，其关系为 $I=I_0 \cdot e^{-ut}$。当电力电缆出现故障及损伤时，被测部分的厚度或密度可能会发生改变，当投射到胶片上后，经过显影后，可以看出电力电缆材料的故障情况和厚度变化，这种方法称为X射线照相法。若利用荧光屏取代胶片，就可实现直接观察被检测的电力电缆，这种方法称为X射线透视法。若采用光敏元件，可逐点记录透过电力电缆的X射线强度，从而对电力电缆的故障进行观察。

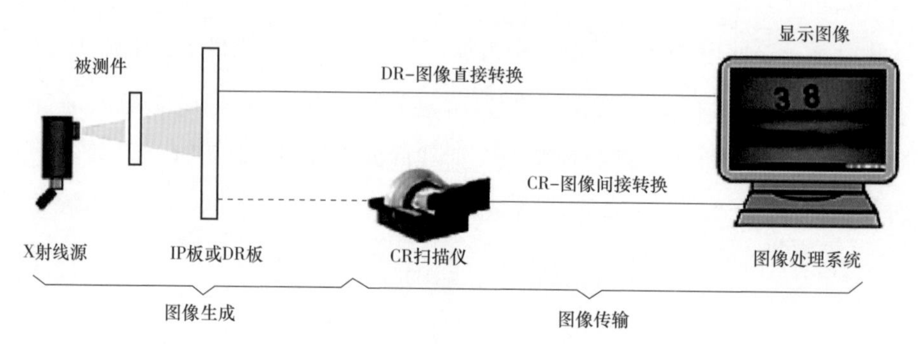

图 2-27 X射线数字成像原理示意图

2.7.2 测试要点

利用X射线无损检测设备对电缆进行检测，对透照电压、焦距、成像板和电缆间距、射线源位置、射线束与外破深度方向所成角度的要求如表2-7所示。

表 2-7 X射线无损检测参数

参数	要求
透照电压	10、35kV 电缆建议采用 60~70kV，110kV 建议采用 70~80kV，220kV 建议采用 70~100kV
焦距	最小要求 300mm
成像板和电缆间距	在制定透照工艺时，应尽量使成像板贴近电缆

续表

参数	要求
射线源位置	实际检测时，在保证检测时具有足够大的焦距的前提下，射线源中心最好对准缺陷侧电缆外缘位置
射线束与外破深度方向所成角度	当知道缺陷深度方向时，应确保主射线束和缺陷深度方向尽量呈 90°，当不知道缺陷哪个方向最深时，应在缺陷附近位置不断变换角度多拍几张，确保不造成误判

2.7.3 X 射线检测诊断判据

对电力电缆附件的各种典型缺陷类型及 X 射线检测情况如表 2-8 所示。

表 2-8 电力电缆附件典型缺陷类型及 X 射线检测情况

缺陷	所在部位	X 射线检测情况
主绝缘金属粉末	中间接头或终端	可以清楚看到
应力锥位移	中间接头或终端	可以清楚看到
主绝缘割伤	中间接头或终端	看不到
半导电剥切不良	中间接头或终端	可以清楚看到
接头压接不良	中间接头或终端	可以清楚看到
铜屏蔽处理不良	中间接头或终端	可以清楚看到
接头与电缆本体不配套	中间接头或终端	可以清楚看到

2.7.4 现场检测照片及样片

利用 X 射线检测技术可以对隧道、变电站夹层、工井等位置的电缆本体开展检测工作，目前主要用于检测电缆缓冲层是否存在烧蚀放电的情况，如图 2-28 和图 2-29 所示。

图 2-28 变电站夹层内对电缆本体开展 X 射线检测工作

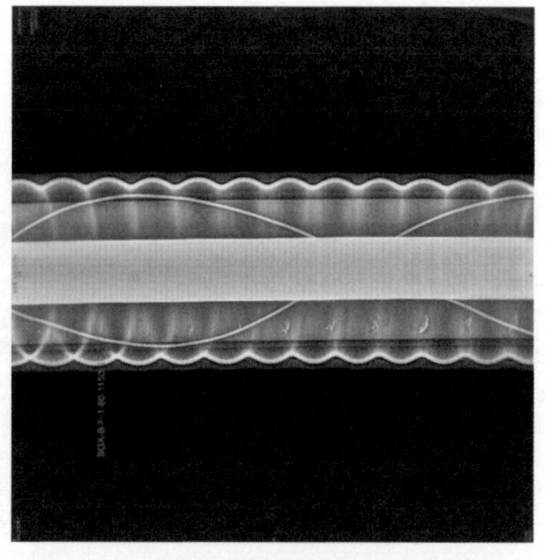

图 2-29 疑似电缆缓冲层烧蚀放电样片（含内置光纤电缆）

第 3 章　电力电缆带电检测工作标准化流程

3.1　电缆接地箱带电检测标准化作业流程

3.1.1　检测人员要求

检测人员应具备如下条件：

1）经过上岗培训并考试合格；

2）具有一定的现场工作经验，熟悉并能严格遵守电力生产和工作现场的相关安全管理规定。

3.1.2　电缆接地箱带电检测标准化作业流程

电缆接地箱带电检测标准化作业流程如图 3-1 所示。

1. 作业前准备

1）到达现场后应首先核对电缆线路名称和接地箱编号，确认无误后方可开始后续作业。

2）检查作业人员服装是否合格、规范。

3）检查仪器、设备是否齐全（见表 3-1）。

4）检查安全围栏、绝缘手套、急救设备等所有装置均合格且在有效期内。

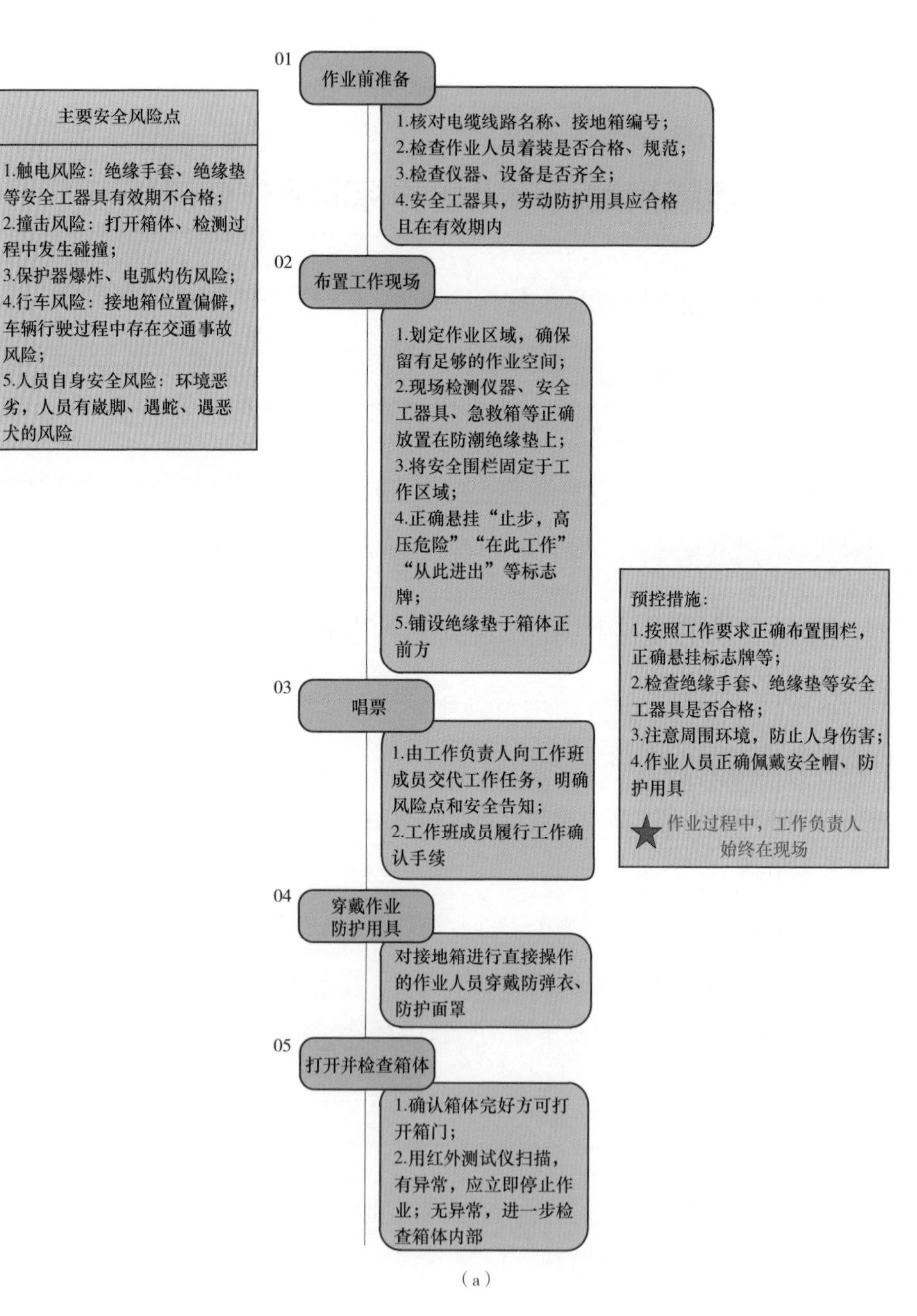

主要安全风险点
1.触电风险：绝缘手套、绝缘垫等安全工器具有效期不合格；
2.撞击风险：打开箱体、检测过程中发生碰撞；
3.保护器爆炸、电弧灼伤风险；
4.行车风险：接地箱位置偏僻，车辆行驶过程中存在交通事故风险；
5.人员自身安全风险：环境恶劣，人员有崴脚、遇蛇、遇恶犬的风险
01
作业前准备
1.核对电缆线路名称、接地箱编号；
2.检查作业人员着装是否合格、规范；
3.检查仪器、设备是否齐全；
4.安全工器具，劳动防护用具应合格且在有效期内
02
布置工作现场
1.划定作业区域，确保留有足够的作业空间；
2.现场检测仪器、安全工器具、急救箱等正确放置在防潮绝缘垫上；
3.将安全围栏固定于工作区域；
4.正确悬挂“止步，高压危险”“在此工作”“从此进出”等标志牌；
5.铺设绝缘垫于箱体正前方
03
唱票
1.由工作负责人向工作班成员交代工作任务，明确风险点和安全告知；
2.工作班成员履行工作确认手续
04
穿戴作业防护用具
对接地箱进行直接操作的作业人员穿戴防弹衣、防护面罩
05
打开并检查箱体
1.确认箱体完好方可打开箱门；
2.用红外测试仪扫描，有异常，应立即停止作业；无异常，进一步检查箱体内部
预控措施：
1.按照工作要求正确布置围栏，正确悬挂标志牌等；
2.检查绝缘手套、绝缘垫等安全工器具是否合格；
3.注意周围环境，防止人身伤害；
4.作业人员正确佩戴安全帽、防护用具
作业过程中，工作负责人始终在现场

（a）

图 3-1 接地箱带电检测标准化作业流程图（一）

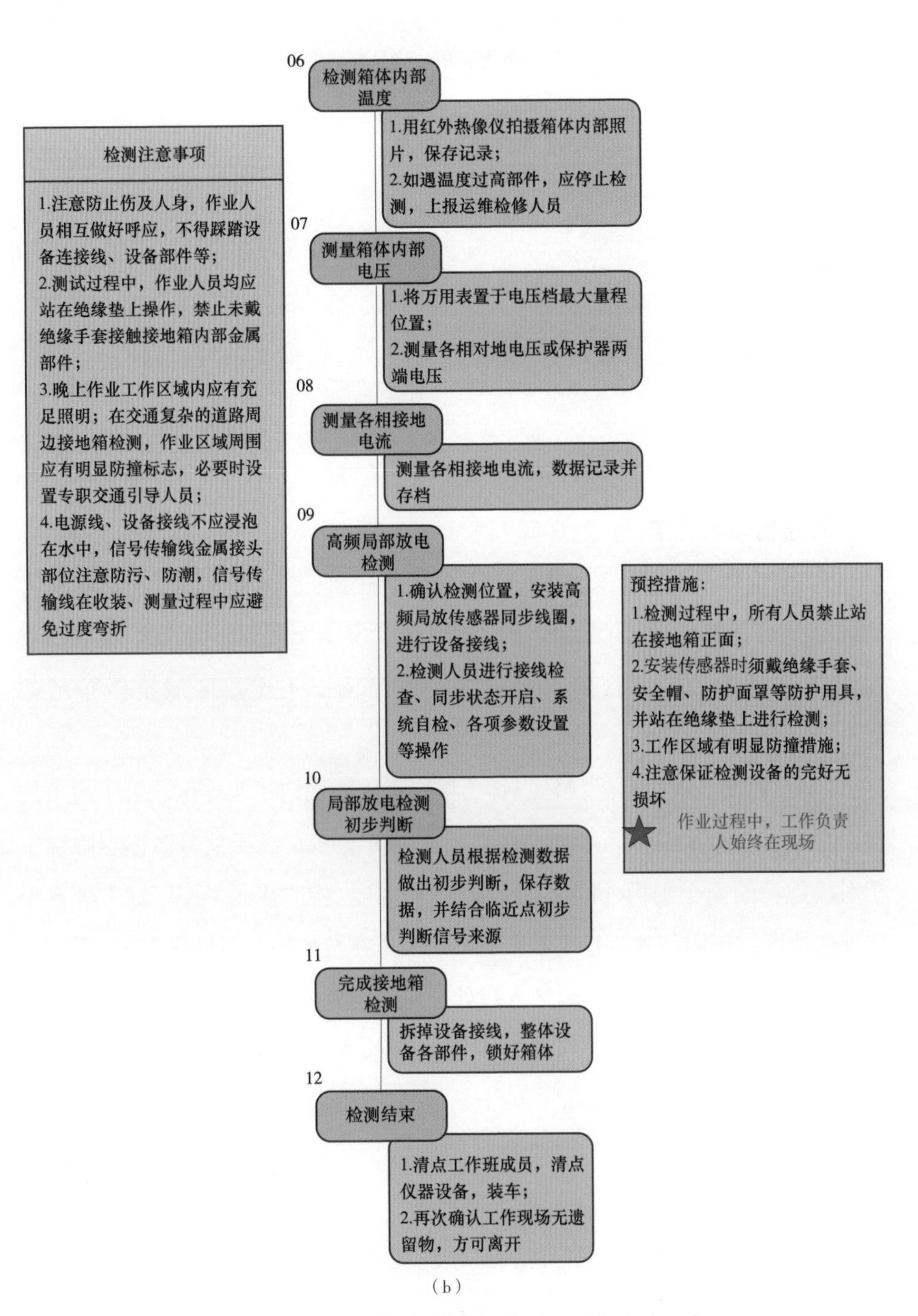

（b）

图 3-1 接地箱带电检测标准化作业流程图（二）

表 3-1 工器具配置表（电缆接地箱作业）

序 号	工具及耗材	数 量
1	安全帽	若干
2	围栏	若干
3	绝缘手套	2
4	绝缘杆	2
5	防护面罩	1
6	防弹衣	1
7	绝缘垫	2
8	安全标志牌	2

2. 布置现场工作

1）划定作业区域。工作人员根据现场条件和工作需要划定工作区域，区域内需留有足够作业空间。现场检测仪器、安全工器具、急救箱等物品需置于防潮绝缘垫上，且摆放至检测接地箱侧面（作业区域整体布局如图 3-2 所示）。

2）设置安全围栏，悬挂标志牌。将安全围栏固定于工作区域若干边角位置，之后将安全围网固定于安全围栏上。将“止步，高压危险”标志牌置于正对接地箱的安全围栏外侧，且正面朝外悬挂。将“在此工作”标志牌置于接地箱侧面，正面朝外，且以不影响工作人员在接地箱正面操作为宜。将“从此进出”标志牌悬挂于工作区域入口处，正面朝外放置。

3）铺设绝缘垫。将绝缘垫置于箱体正前方，确保绝缘垫下方无碎石、玻璃、铁钉等杂物，绝缘垫正面朝上，且与箱体保持约 30cm 间隙（如图 3-3 所示）。

4）工作区域应用安全围栏等严格分离，并有明显标记。夜间带电检测工作应在安全围栏上佩戴反光标志，工作现场加挂警示灯，所有人员需穿戴反光马甲。

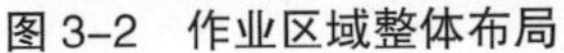
图 3-2 作业区域整体布局

图 3-3 铺设绝缘垫

3. 唱票

作业前工作负责人必须进行风险辨识，分析存在的危险点，向工作班成员交代防范及控制措施。所有工作人员应清楚工作任务、地点及注意事项等，履行工作确认手续。根据实际检测环境确定是否设置专责监护人并确定被监护人员，结合接地箱周围工作环境决定是否另设交通疏导人员。

4. 穿戴作业防护用具

穿戴作业防护用具。由工作负责人指派一名作业人员负责打开箱体、红外检测、验电、环流测量、拆装设备等工作，为该作业人员穿戴防弹衣、防护面罩。

5. 打开并检查箱体

确认箱体完好后方可打开箱体门锁，并确认箱体内是否存在杂草、小动物等不安全因素。确认无异常后用红外温度测试仪进行扫描，确认接地箱内是否存在异常发热点，对作业风险进行评估，如有发热严重区域，应立即停止作业，所有作业人员撤离至安全区域，并上报运维检修人员。

若红外扫描无异常，方可打开接地箱面板，在作业人员用电动扳手打开接地箱面板过程中应注意防止仪器、设备坠入接地箱底部。

6. 检测箱体内部温度

由穿戴防护用具的作业人员用红外照相仪拍摄箱体内部照片，通过红外观测连板及各连接点是否存在过热，着重观测温度较高点位，并保存记录。如遇温升严重部件，应停止检测，并立即上报运维检修人员进行处理。

根据规程规定，电缆导体或金属屏蔽（金属套）与外部金属连接的同部位相间温度差超过 6K，应加强监测，超过 10K，应停电检查。

7. 测量箱体内部电压

由穿戴防护用具的作业人员测量各相对地电压，交叉互联接线方式经保护器接地的，也应测量保护器两端电压。在测量前将万用表置于电压挡最大量程位置，应确认电压无异常后方可进行后续作业。

8. 测量各相接地电流

由穿戴防护用具的作业人员进行测量，直接接地方式可直接选取各相线芯与接地连接部位测量，交叉互联接地箱根据实际情况优先选取各相线芯位置测量，不具备条件的可测量接地线。上述数据应记录并存档。

9. 高频局部放电检测

由穿戴防护用具的作业人员进行接线、同步线圈以及传感器拆装等操作。采集单元、数据处理单元、分析主机等设备和操作人员应位于接地箱侧面。测量过程中接地箱保持半闭合状态，禁止任何人员位于接地箱正面。局部放电检测人员进行接线检查、同步状态开启、系统自检、各项参数设置、检测信息文件建立等操作。

10. 局部放电检测初步判断

检测人员根据现场噪声水平设置检测域值，对疑似设备局部放电信号进行时域、频域观测分析，进一步给出初步判断结论并保存数据。结合三相观测数据进行对比分析，对于存在的异常信号，与典型图谱进行对比，初步判断局部放电类型。结合临近点位测量结果判断信号来源并记录。

11. 完成接地箱检测

各人员根据分工拆装接线，将设备各部件归位，安装接地箱盖板，锁好接地箱箱体。

12. 检测结束

工作负责人清点工作班成员，清点各仪器设备，确认无误后将各设备、安全工器具等装入车辆，再次检查并确认工作现场无遗留物且接地箱已恢复至原样，至此完成本次电缆接地箱带电检测任务，工作班成员方可离开。

13. 检测注意事项

1）在检测过程中注意防止伤及人身，作业人员相互做好呼应，不得踩踏设备连接线、设备部件等。

2）在打开接地箱箱体，拍摄红外照片、测量电压、接地电流、装拆传感器等过程中，作业人员均应站在绝缘垫上操作，禁止未戴绝缘手套接触接地箱内部金属部件。

3）晚上作业时工作区域内应有充足照明；在交通复杂的道路周边接地箱检测，作业区域周围应有明显防撞标志，必要时设置专职交通引导人员。

4）电源线、设备接线不应浸泡在水中，信号传输线金属接头部位注意防污、防潮，信号传输线在收装、测量过程中应避免过度弯折。

5）如遇雨、雪、雷暴等恶劣天气，应提前停止检测，工作负责人组织工作班成员恢复现场，清点人员、设备，并安全撤离。

3.2 电缆终端塔带电检测标准化作业流程

3.2.1 检测人员要求

检测人员应具备如下条件：

1）经过上岗培训并考试合格；

2）具有一定的现场工作经验，熟悉并能严格遵守电力生产和工作现场的相关安全管理规定。

3.2.2 终端塔带电检测标准化作业流程

电缆终端塔带电检测标准化作业流程如图 3-4 所示。

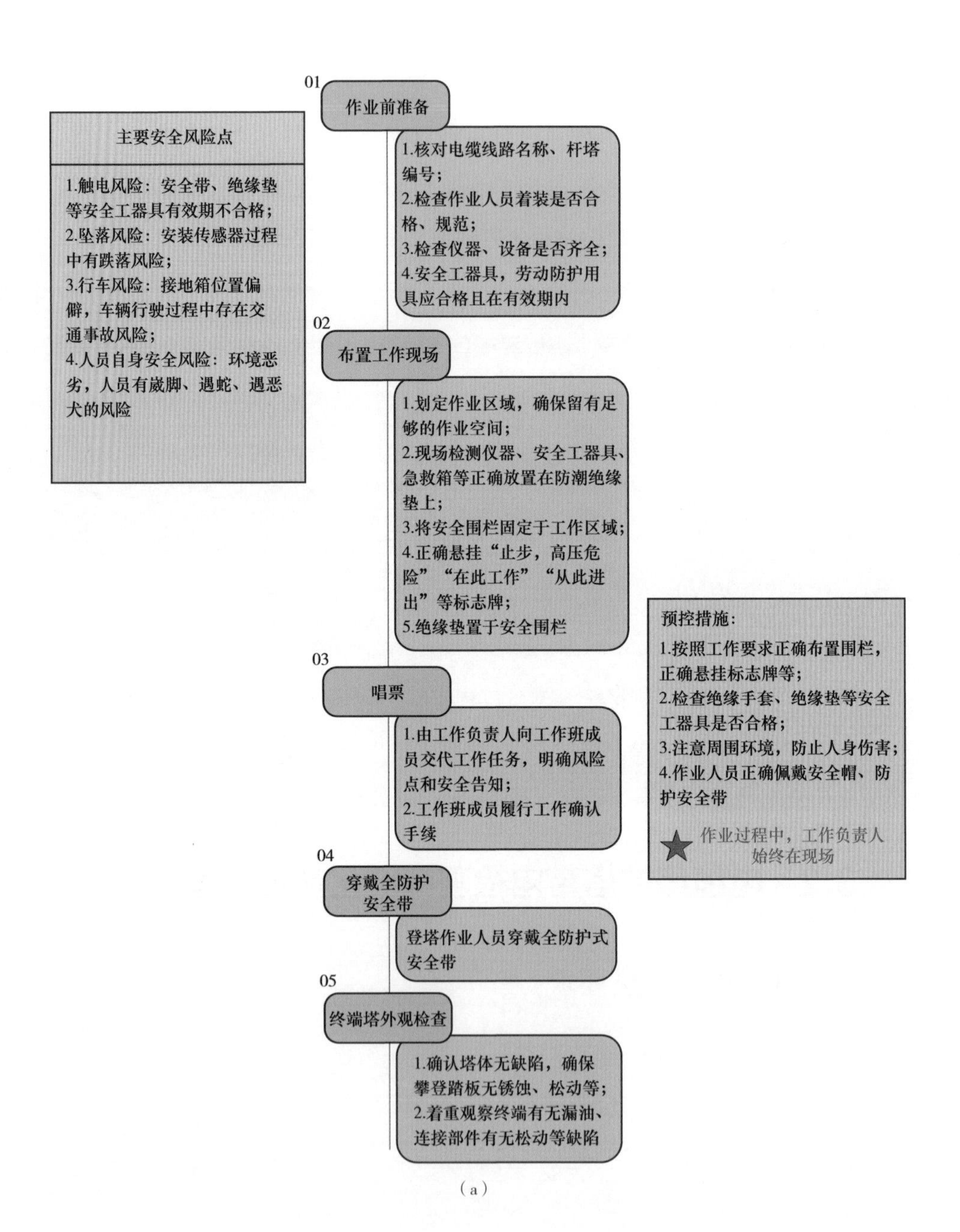
主要安全风险点
1.触电风险：安全带、绝缘垫等安全工器具有效期不合格；
2.坠落风险：安装传感器过程中有跌落风险；
3.行车风险：接地箱位置偏僻，车辆行驶过程中存在交通事故风险；
4.人员自身安全风险：环境恶劣，人员有崴脚、遇蛇、遇恶犬的风险
01
作业前准备
1.核对电缆线路名称、杆塔编号；
2.检查作业人员着装是否合格、规范；
3.检查仪器、设备是否齐全；
4.安全工器具，劳动防护用具应合格且在有效期内
02
布置工作现场
1.划定作业区域，确保留有足够的作业空间；
2.现场检测仪器、安全工器具、急救箱等正确放置在防潮绝缘垫上；
3.将安全围栏固定于工作区域；
4.正确悬挂“止步，高压危险”“在此工作”“从此进出”等标志牌；
5.绝缘垫置于安全围栏
03
唱票
1.由工作负责人向工作班成员交代工作任务，明确风险点和安全告知；
2.工作班成员履行工作确认手续
04
穿戴全防护安全带
登塔作业人员穿戴全防护式安全带
05
终端塔外观检查
1.确认塔体无缺陷，确保攀登踏板无锈蚀、松动等；
2.着重观察终端有无漏油、连接部件有无松动等缺陷
预控措施：
1.按照工作要求正确布置围栏，正确悬挂标志牌等；
2.检查绝缘手套、绝缘垫等安全工器具是否合格；
3.注意周围环境，防止人身伤害；
4.作业人员正确佩戴安全帽、防护安全带
作业过程中，工作负责人始终在现场

（a）

图 3-4 终端塔带电检测标准化作业流程图（一）

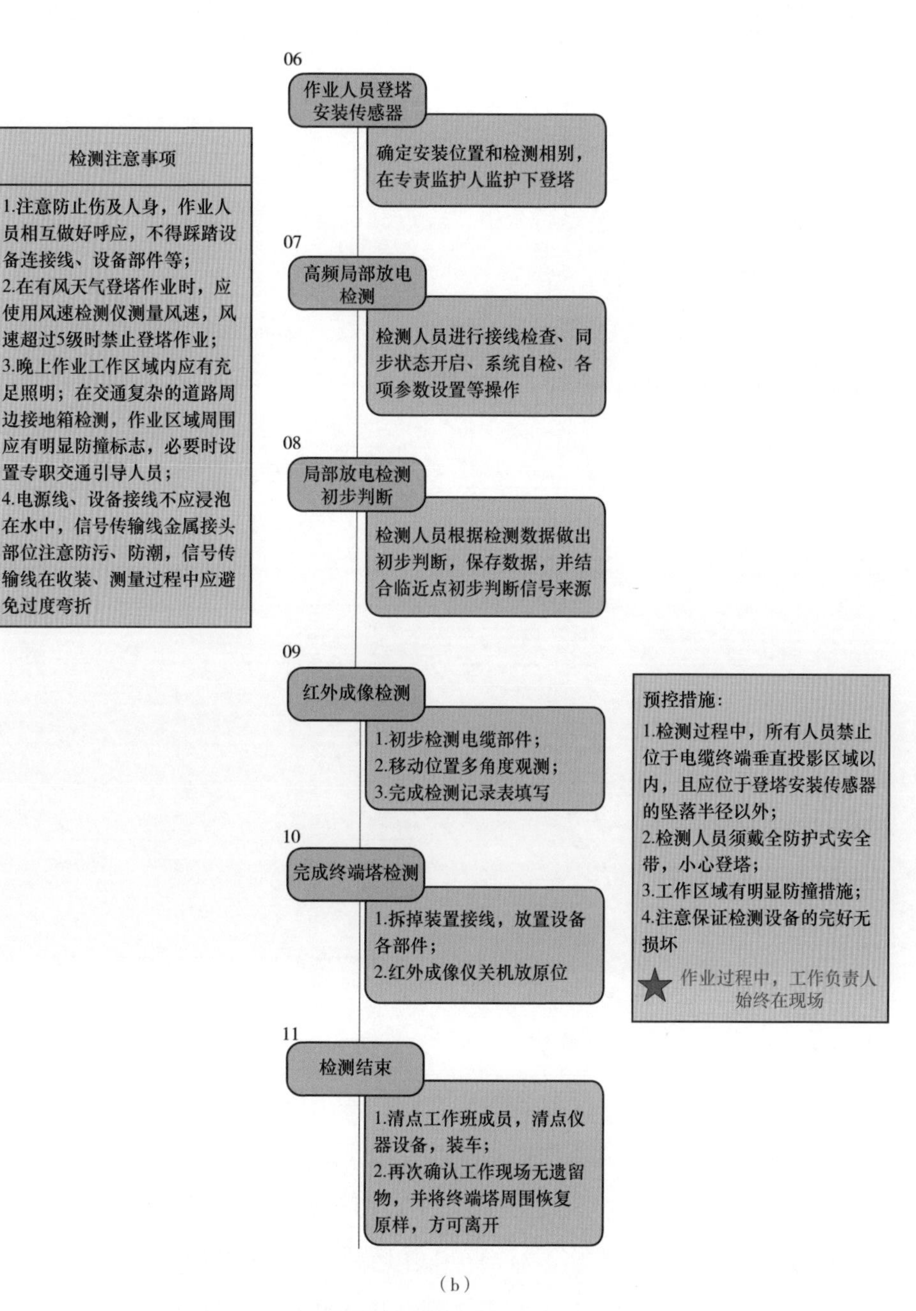

（b）

图 3-4　终端塔带电检测标准化作业流程图（二）

1. 作业前准备

1）到达现场后应首先核对电缆线路名称和终端塔编号，确认无误后方可开始后续作业。

2）检查作业人员服装是否合格、规范。

3）检查仪器、设备是否齐全。

4）检查安全围栏、全防护安全带、望远镜、急救设备等所有装置均可正常使用，且在合格期内，见表 3-2。

表 3-2 工器具配置表（电缆终端塔作业）

序 号	工具及耗材	数 量
1	安全帽	若干
2	围栏	若干
3	风速仪	1
4	绝缘杆	2
5	绝缘梯	1
6	绝缘绳	1
7	绝缘垫	1
8	安全带	1
9	安全标志牌	2

2. 布置现场工作

1）划定作业区域。工作人员根据现场条件和工作需要划定工作区域，需将电缆终端下方包括在工作区域内。工作区域内要留有足够作业空间，并注意上方塔体和带电部位。现场检测仪器、安全工器具、急救箱等物品需置于防潮绝缘垫上，且摆放至电缆终端塔垂直投影区域以外适当位置。

2）设置安全围栏，悬挂标志牌。将安全围栏固定于工作区域若干边角位置，之后将安全围网固定于安全围栏上。将适当数量“止步，高压危险”标志牌置于安全围栏外侧，且正面朝外悬挂。将“在此工作”标志牌置于所测电缆终端塔下方，正面朝外，且不影响作业人员上下拆装传感器。将“从此进出”标志牌悬挂于工作区域入口处，正面朝外放置。

3）铺设绝缘垫。将绝缘垫置于安全围栏内正面朝上放置，且避开终端塔下方，注意清理绝缘垫下方杂物。将检测仪器设备、安全工器具摆放于绝缘垫上。

4）工作区域应用安全围栏等严格分离，并有明显标记。夜间带电检测工作应在安全围栏上佩戴反光标志，工作现场加挂警示灯，所有人员需穿戴反光马甲，现场作业应有充足照明。

3. 唱票

作业前工作负责人须进行风险辨识，分析存在的危险点，观察杆塔周边地面情况，向工作班成员交代防范及控制措施。设置专责监护人并确定被监护人员，由专责监护人监护作业人员进行传感器拆装、接线等工作，所有工作人员应清楚工作任务、检测点位及注意事项并履行工作确认手续。

4. 穿戴全防护安全带

由工作负责人指派一名作业人员负责攀登电缆终端塔、拆装设备等工作，为该作业人员穿戴全防护式安全带。

5. 终端塔外观检查

工作负责人、专责监护人和登塔作业人员绕行电缆终端塔，确认塔体无缺陷，确保攀登踏板无锈蚀、松动等隐患，查看上下塔是否方便；告知所有作业人员电缆终端周边临近带电部位。对电缆终端、连接部件、电缆本体进行外观检查。着重观察电缆终端有无漏油、连接部件有无松动、电缆本体有无明显损伤等缺陷，若存在明显问题则应停止后续作业，记录存在问题并上报运维检修人员。

6. 红外成像检测

1）初步检测电缆部件。作业人员选择检测需要站立的位置，根据环境背景温度、光线条件等因素，进行红外温度测试仪的参数设置，之后用红外成像仪整体扫描需要检测的各位置，保存观测图像。

2）移动位置多角度观测。对电缆终端、电缆本体、尾管、避雷器等各部件选取不同角度进行观测，着重观察温度较高的区域，并进行三相对比分析。如存在异常发热现象，根据红外检测规范对温度异常情况进行分析定性，记录存档并进行后续处理。

夜间检测注意周围环境，所有人员穿戴反光马甲，配备强光手电，在移动观测过程中注意脚下，防止踩空、滑倒。

3）完成终端塔红外成像检测。完成检测记录表填写，将红外温度测试仪、手电等关机并归位。

根据规程规定，电缆导体或金属屏蔽（金属套）与外部金属连接的同部位相间温度差超过 6K，应加强监测，超过 10K，应停电检查；终端本体部位相间温度差超过 2K 应加强监测，超过 4K 应停电检查。

7. 作业人员登塔安装传感器

由穿戴安全带的作业人员进行登塔作业，确定安装位置和检测相别之后，在专责监护人监护下方可登塔。登塔人员到达指定位置后应立即在适当位置固定好保护绳，之后将传感器固定在所需检测位置，并完成检测单元接线。在此过程中，登塔作业人员所有操作均应严格按照《国家电网公司电力安全工作规程》中临近带电部位安全距离的要求。

在电缆三相终端安装传感器过程中均应按照上述操作，在作业人员下塔、传递传感器过程中与地面人员做好呼应，专责监护人应始终现场监护。

8. 高频局部放电检测

由局部放电检测人员完成数据处理单元、分析主机等设备接线，并进行接线检查、同步状态开启、系统自检、各项参数设置、检测信息文件建立等操作。地面人员和检测设备禁止位于电缆终端垂直投影区域以内，且应位于登塔安装传感器的坠落半径以外。

9. 局部放电检测初步判断

检测人员根据现场噪声水平设置检测阈值，对疑似设备局部放电信号进行时域、频域观测分析，根据上述局部放电典型图谱进一步给出初步判断结论并保存数据。结合三相观测数据进行对比分析，对于存在的异常信号，与典型图谱进行对比，初步判断局放类型。结合临近点位测量结果判断信号来源并记录。

10. 完成终端塔检测

各人员根据分工拆装接线，将设备各部件归位。

11. 检测结束

工作负责人清点工作班成员，清点各仪器设备，确认无误后将各设备、安全工器具等装入车辆，再次检查并确认工作现场无遗留物，至此完成本次电缆终端塔带电检测任务，工作班成员有序离开。

12. 检测注意事项

1）在检测过程中注意防止伤及人身，作业人员相互做好呼应，不得踩踏设备连接线、设备部件等，在塔上作业过程中禁止抛接设备。如果传感器安装位置较高，向塔上传递设备过程中应使用绝缘绳捆绑传递。

2）在有风天气登塔作业时，应使用风速检测仪测量风速，风速超过5级时禁止登塔作业。

3）晚上作业工作区域内应有充足照明；在交通复杂的道路周边终端塔检测，作业区域周围应有明显防撞标志，必要时设置专职交通引导人员。夜间检测注意周围环境，所有人员穿戴反光马甲，配备强光手电，在移动观测过程中注意脚下，防止踩空、滑倒。

4）电源线、设备接线不应浸泡在水中，信号传输线金属接头部位注意防污、防潮，所有设备接线在装设、拆解过程中禁止抛接，防止进入带电部位安全距离以内。

5）在塔上安装传感器过程中，选择口径合适的传感器，卡紧放稳，注意防止传感器部分金属位置划伤电缆外护套。

3.3 站内电缆带电检测标准化作业流程

3.3.1 检测人员要求

检测人员应具备如下条件：

1）经过上岗培训并考试合格。

2）具有一定的现场工作经验，熟悉并能严格遵守电力生产和工作现场的相关安全管理规定。

3.3.2 站内终端带电检测标准化作业流程

站内终端带电检测标准化作业流程如图 3–5 所示。

1. 作业前准备

1）工作班成员到达站内，工作负责人向站内运维人员办理工作许可手续。

2）检查作业人员服装是否合格、规范。

3）由工作负责人带领工作班成员核对需要检测的电缆线路名称，察看作业现场环境条件，明确工作内容、带电部位、现场作业危险点、安全注意事项、人员分工和作业程序等，根据现场检测环境决定是否设置专责监护人。

4）检查仪器、设备是否齐全。

5）在电缆沟槽、地下电缆夹层等位置的带电检测，应先查看站内气体检测仪的实时数据，或自带气体检测仪进行气体含量检测，确认无异常后方可进入。

6）检查安全工器具、劳动防护用品、急救设备、气体检测仪等所有装置均合格且在有效期内，见表 3–3。

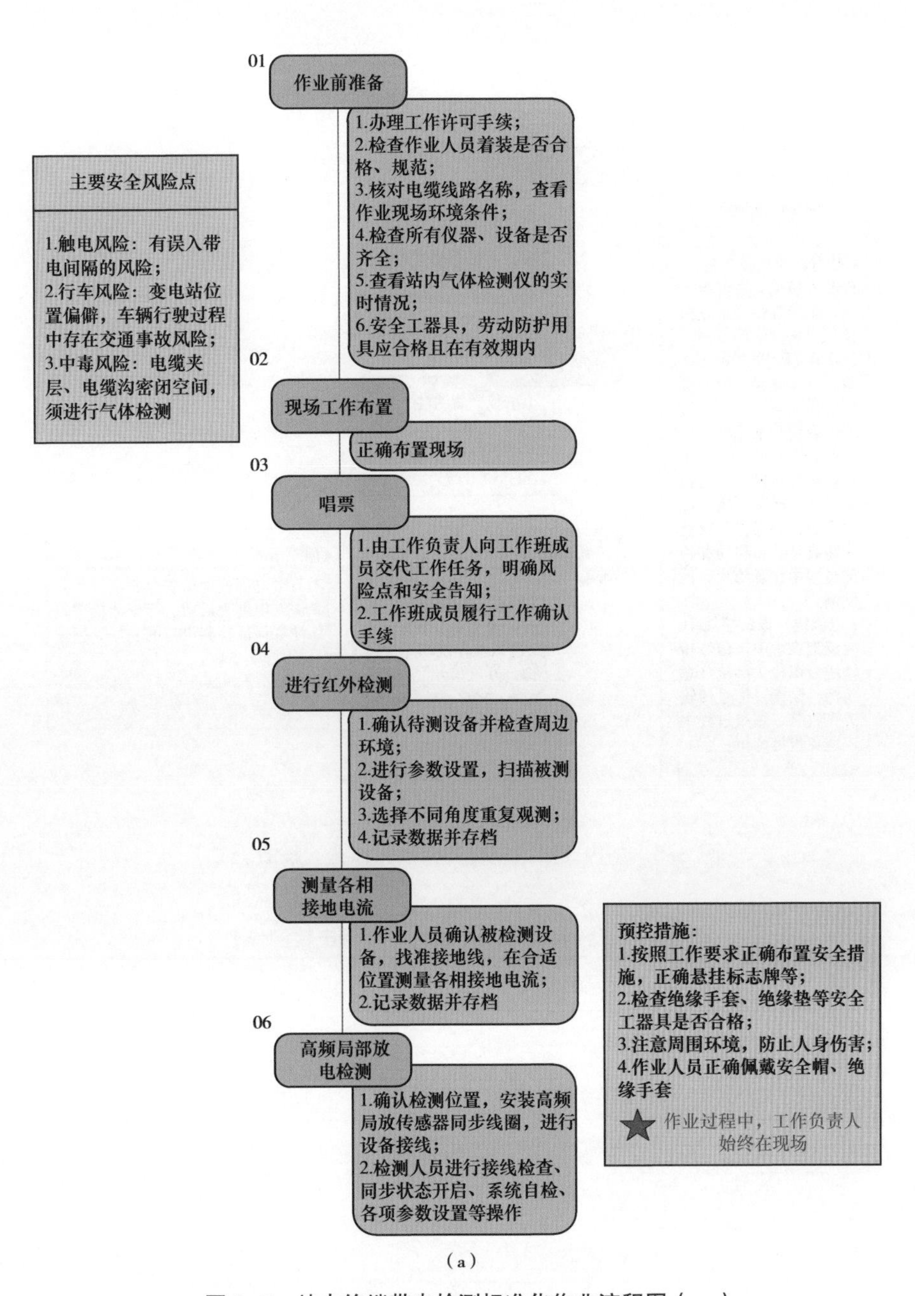

01
作业前准备
1.办理工作许可手续；
2.检查作业人员着装是否合格、规范；
3.核对电缆线路名称，查看作业现场环境条件；
4.检查所有仪器、设备是否齐全；
5.查看站内气体检测仪的实时情况；
6.安全工器具，劳动防护用具应合格且在有效期内
主要安全风险点
1.触电风险：有误入带电间隔的风险；
2.行车风险：变电站位置偏僻，车辆行驶过程中存在交通事故风险；
3.中毒风险：电缆夹层、电缆沟密闭空间，须进行气体检测
02
现场工作布置
正确布置现场
03
唱票
1.由工作负责人向工作班成员交代工作任务，明确风险点和安全告知；
2.工作班成员履行工作确认手续
04
进行红外检测
1.确认待测设备并检查周边环境；
2.进行参数设置，扫描被测设备；
3.选择不同角度重复观测；
4.记录数据并存档
05
测量各相接地电流
1.作业人员确认被检测设备，找准接地线，在合适位置测量各相接地电流；
2.记录数据并存档
06
高频局部放电检测
1.确认检测位置，安装高频局放传感器同步线圈，进行设备接线；
2.检测人员进行接线检查、同步状态开启、系统自检、各项参数设置等操作
预控措施：
1.按照工作要求正确布置安全措施，正确悬挂标志牌等；
2.检查绝缘手套、绝缘垫等安全工器具是否合格；
3.注意周围环境，防止人身伤害；
4.作业人员正确佩戴安全帽、绝缘手套
作业过程中，工作负责人始终在现场

（a）

图 3–5　站内终端带电检测标准化作业流程图（一）

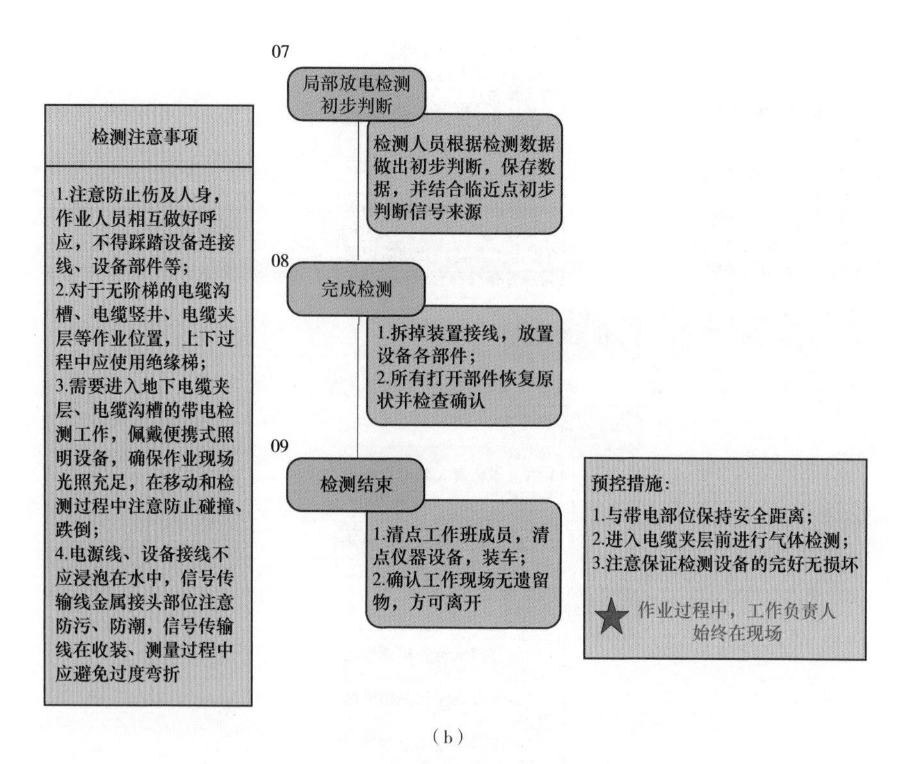

（b）

图 3–5　站内终端带电检测标准化作业流程图（二）

表 3–3　工器具配置表（站内电缆带电检测作业）

序　号	工具及耗材	数　量
1	安全帽	若干
2	绝缘手套	2
3	绝缘杆	2
4	绝缘梯	1
5	绝缘垫	1
6	气体检测仪	1

2. 现场工作布置

正确布置工作现场。

3. 唱票

作业前工作负责人必须进行风险辨识，分析存在的危险点，向工作班成员交代防范及控制措施。所有工作人员应清楚工作任务、地点及注意事项等，履行工作确认手续。

4. 进行红外检测

根据环境背景条件、测试设备材质等因素，设置红外温度测试仪的参数，随后用红外温度测试仪初步扫描被测设备和周围环境，查看是否有异常发热区域。

如存在异常，则选取不同角度重复观测，着重观察温度较高的区域，并进行三相对比分析。根据红外检测规范对温度异常情况进行分析定性，记录存档并进行后续处理。如有严重发热部件，应上报运维人员并停止后续作业。

根据规程规定，电缆导体或金属屏蔽（金属套）与外部金属连接的同部位相间温度差超过 6K，应加强监测，超过 10K，应停电检查；终端本体部位相间温度差超过 2K 应加强监测，超过 4K 应停电检查。

5. 测量各相接地电流

作业人员确认被检测设备，找准接地线，在合适位置测量各相接地电流。根据环流值判定被测设备接地方式是否存在异常，对于严重缺陷设备应停止后续检测并上报运维人员做后续处理。上述测量数据应记录并存档。

6. 高频局部放电检测

检测过程中需两人操作，其中一名作业人员进行接线、同步线圈以及传感器拆装等操作，操作过程中需戴绝缘手套。

另一名作业人员进行接线检查、同步状态开启、系统自检、各项参数设置、检测数据采集等操作。数据采集过程中应尽量避免周围信号的干扰，设备摆放、连接线路应规整有序。

7. 局部放电检测初步判断

检测人员根据现场噪声水平设置检测阈值，对疑似设备局放信号进行时域、频域观测分析，进一步给出初步判断结论并保存数据。结合三相观测数据进行对比分析，对于存在的异常信号，与典型图谱进行对比，初步判断局部放电类型。结合临近点位测量结果判断信号来源并记录。

8. 完成站内设备带电检测

各人员根据分工拆装接线，将设备各部件归位。

9. 检测结束

工作负责人清点工作班成员，清点各仪器设备，确认无误后将各设备、安全工器具等装入车辆，再次检查并确认工作现场无遗留物且所有设备已恢复至原样，工作负责人向站内运维人员做工作终结报告，并完成工作终结手续。完成站内设备带电检测。

10. 检测注意事项

1）在检测过程中注意防止伤及人身，作业人员相互做好呼应，注意临近带电设备安全距离，严禁扩大作业范围，禁止抛接设备、设备连线。

2）高频局放检测需两人操作，其中一名作业人员进行接线、同步线圈以及传感器拆装等操作，操作过程中需戴绝缘手套。

3）对于无阶梯的电缆沟槽、电缆竖井、电缆夹层等作业位置，上下过程中应使用绝缘梯，作业过程中应设置专责监护人并密切关注工作班成员状态。

4）需要进入地下电缆夹层、电缆沟槽的带电检测工作，佩戴便携式照明设备，确保作业现场光照充足，在移动和检测过程中注意防止碰撞、跌倒。

5）电源线、设备接线在收装、测量过程中应避免过度弯折，信号传输线金属接头部位注意防污、防潮。

6）现场检测仪器、安全工器具、急救箱等物品应置于防潮绝缘垫上，摆放于待测设备附近开阔位置。

第 4 章 电力电缆带电检测培训平台

4.1 红外热成像检测技术培训平台

电缆户外终端的各类缺陷中，红外发热缺陷占较大比例。其中电压致热型设备热缺陷造成的后果尤为严重，判断也更为困难。为此，通过搭建电缆终端电压致热型缺陷实训平台，可模拟电缆户外终端同相及相间不同电压致热型缺陷发热红外测温的理论培训、技能考试及科学研究。

4.1.1 中压电缆模拟发热装置

红外测温电缆模拟发热装置培训平台为智能温控系统，以计算机芯片作为主控单元，采用多重数字滤波电路、干扰自动恢复、PID 控制及自整定等功能。具有测量精度高、控温准确稳定、抗干扰能力强的特点，操作安全方便，如图 4–1 所示。

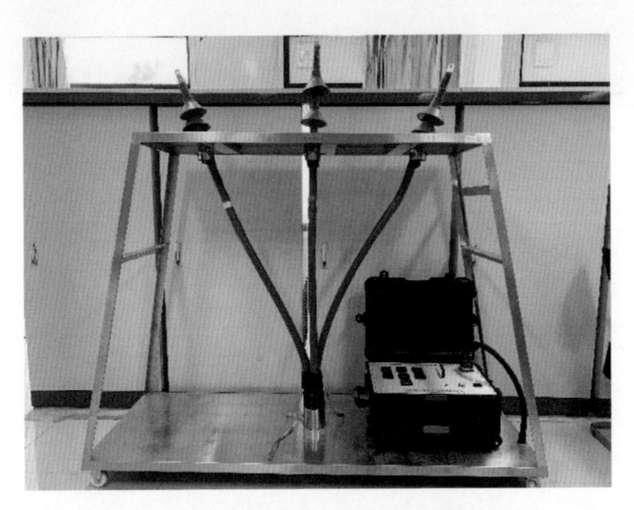

图 4–1 红外测温电缆模拟发热装置培训平台

温控装置在电缆终端不同位置（电缆接线端子处、电缆应力锥处、电缆分支手套处）安装加热装置，利用稳定控制单元控制实时温度，控制界面如图 4–2 所示。未达到设定温度时，设备处于持续工作状态，持续加热；达到设定温度后，仪器停止加热。

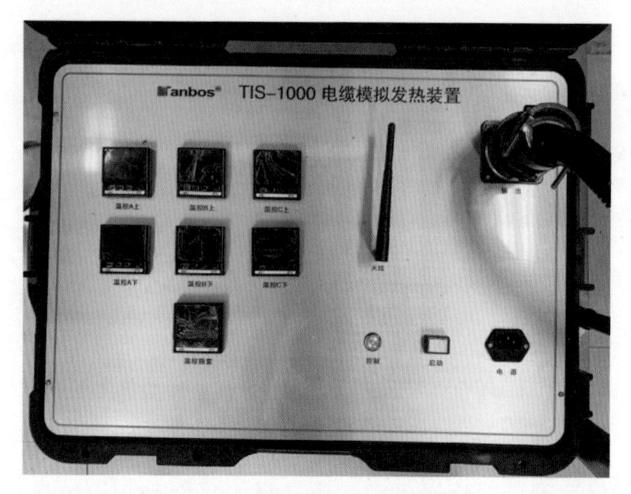

图 4–2 稳定控制单元控制界面

系统测试：

1）对设备进行试验，对不同设定温度下，电缆各个部位的实际温度进行测试。分别设定电缆三个不同位置的预设温度，如表 4–1 所示。

表 4–1 三个不同位置的预设温度 单位：℃

<table>
<tr><th>相别</th><th>接线端子</th><th>应力锥</th><th>分支手套</th></tr>
<tr><td>A 相</td><td>36</td><td>35</td><td rowspan="3">100</td></tr>
<tr><td>B 相</td><td>65</td><td>70</td></tr>
<tr><td>C 相</td><td>85</td><td>80</td></tr>
</table>

2）达到预设温度后，用红外测温仪对各个位置进行温度测试，测得电缆接线端子处的温度分别为：A 相 35.7℃，B 相 60.6℃，C 相 80.3℃，如图 4–3

所示。加热装置安装在电缆内部，没有暴露在空气中，实际测量温度略小于加热温度。

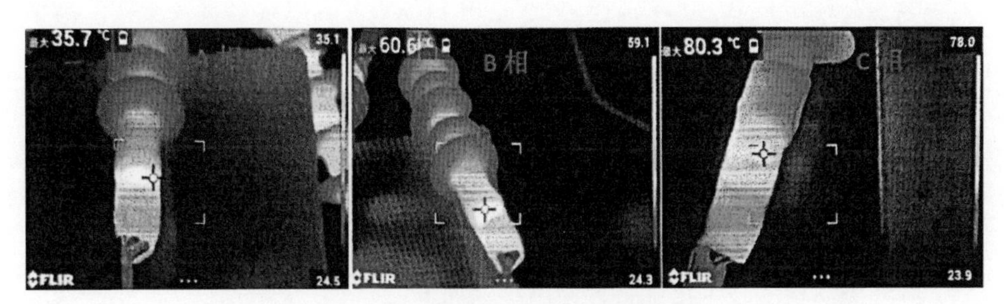

图 4–3　电缆接线端子红外测温图

3）再次测量电缆终端应力锥位置的温度，测试结果为 A 相 33.9℃，B 相 68.7℃，C 相 75.9℃，如图 4–4 所示。

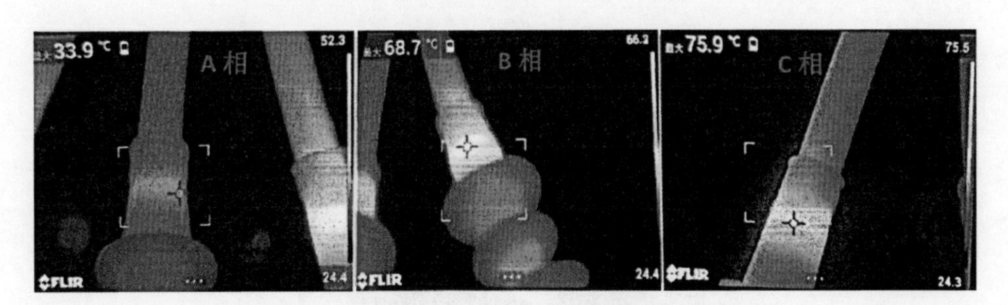

图 4–4　应力锥红外测温图

4）电缆终端分指手套测得实际温度为 92.3℃，相比最接近实际温度，如图 4–5 所示。

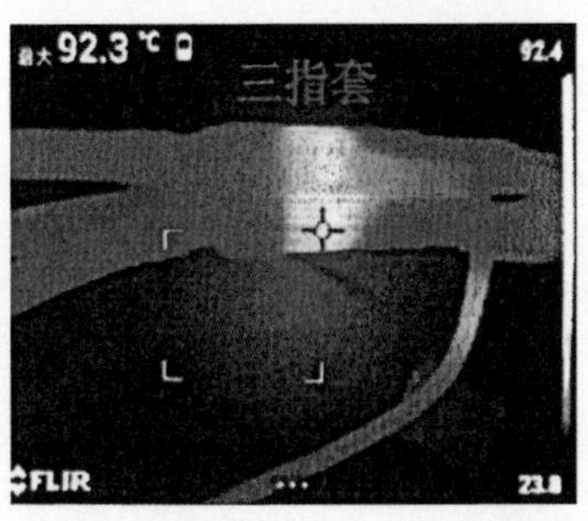

图 4–5　电缆终端三指套红外测温图

4.1.2 高压电缆模拟发热装置

电缆终端电压致热型缺陷模型由三相 110kV 复合电缆终端及支架、高精度发热膜、温度控制主机等部件组成。每相复合电缆终端上、下端部各设置 1 个发热源，每组终端共 6 个，每个发热源可分别由温度控制主机独立、精确控制不同的温升，控制器温度精度可达 ±1℃，进而可模拟电缆终端同相不同部位以及三相间的电压致热型发热缺陷。

红外测温检测技术培训平台使用步骤如下：

1）将电压致热型缺陷模拟装置按如图 4-6 所示安装完成，并检查控制主机与 110kV 避雷器模型之间的测温线和加热线是否连接牢靠。

图 4-6 电缆终端电压致热型缺陷模型

2）连接 AC 220V 电源线，打开控制主机后面板电源开关（见图 4-7），启动电压致热型缺陷模拟装置电源。

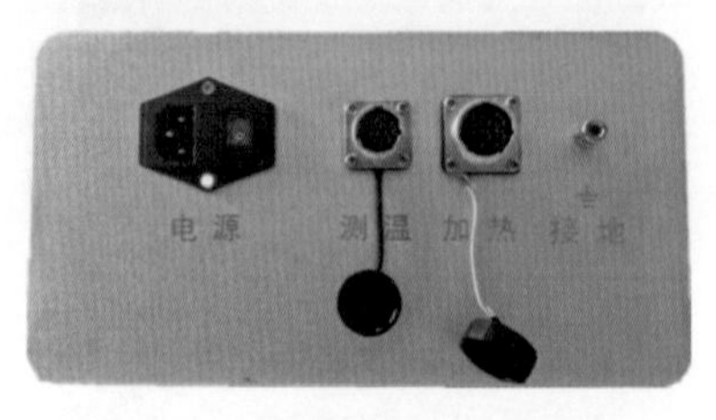

图 4-7 温度控制主机后面板

3）根据需要打开控制主机前面板的缺陷控制器开关，如图 4–8 所示。

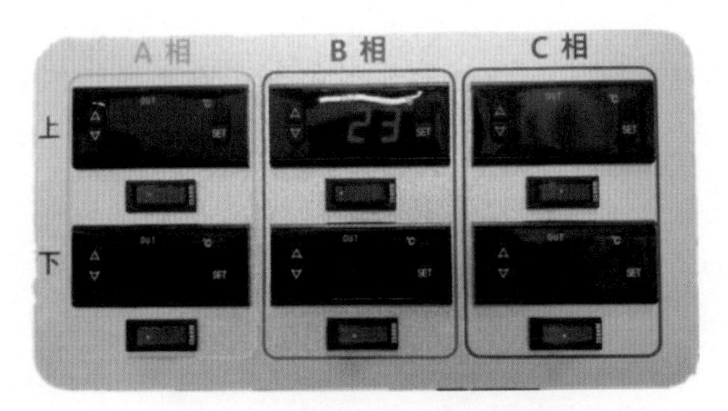

图 4–8　温度控制主机前控制面板

4）缺陷温度设置：如图 4–9 所示，按 SET 键，缺陷预设温度会闪烁显示，此时按△或▽键增大或减小缺陷温度，缺陷温度设置完成后，按 SET 键退出调节状态，如不按任何键，6s 后恢复显示缺陷模型当前温度，系统自动保存设置参数。缺陷温度设置完成后，设备开始工作，10min 后，缺陷温度达到稳定状态。

5）输出指示灯：缺陷加热过程中，输出灯亮；恒温状态时，输出灯灭。

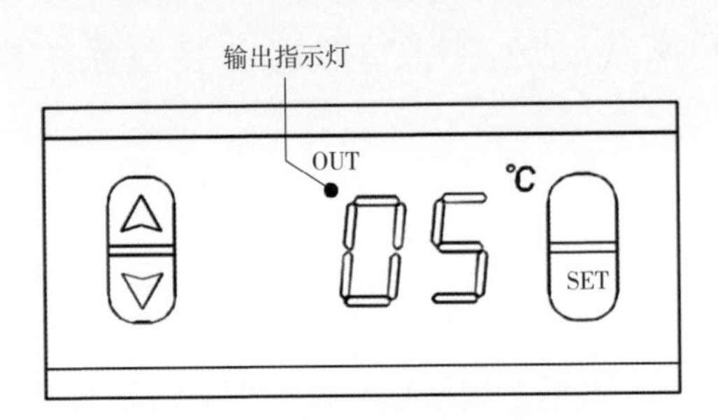

图 4–9　温度控制主机前控制面板

4.2　高频局放检测技术培训平台

随着都市建设电缆线路数量激增使局放检测工作超量，电缆局放测试技能亟须普及与提高，而局放测试技术并不简单。电缆线路局部放电的发生与存在概率低，依靠现场带电检测的经验积累很难有效提高局放测试技术水平，如何快速掌握和提高电缆局放测试技能已成为一个亟待解决的现实问题。

在此背景下，需要一个安全可靠、灵活多变的电缆局放测试训练平台，它可以在不带电的条件下进行电缆线路局放测试的各种比对训练，可以在电缆培训线路上观测局放行波的各种现象并作局放定位测试训练。

培训平台由便携式局放测试模拟培训装置、电缆培训线路系统两部分组成，具体如图 4-10 所示。

4.2.1 电缆培训线路

电缆培训线路全长约 220m，模拟实际 110kV 线路的一个交叉互联段，包括 2 组户外终端、2 个中间接头互联换位箱、2 个电缆终端直接接地箱，如图 4-11 所示。在电缆培训线路上可安装各种局放传感器，在电缆培训线路任意点注入模拟局放信号和模拟噪音信号，根据设置在不同位置的传感器所采集到的信号来考察和掌握局放的频率特性、传播特性和衰减特性，进行电缆局放带电检测及定位的模拟操练。

4.2.2 便携式局放测试模拟培训装置系统构成

便携式局放测试模拟培训装置系统可以模拟并产生模拟局放信号和噪声干扰信号，主要由便携式局放测试模拟培训装置、模拟局放信号发生器和操控平板电脑构成，如图 4-12 所示。

用于电缆线路局放带电检测培训平台的模拟信号发生器与操控平板电脑之间通过 WiFi 通信进行信号传输，在空旷的地方最远传输距离可达到 300m，操控平板电脑内配置有专用软件可远程操控操作信号发生器切换产生各种模拟信号。局放测试培训系统的安装示意图如图 4-13 所示。

在电缆终端位置培训系统安装接线图如图 4-14 所示：

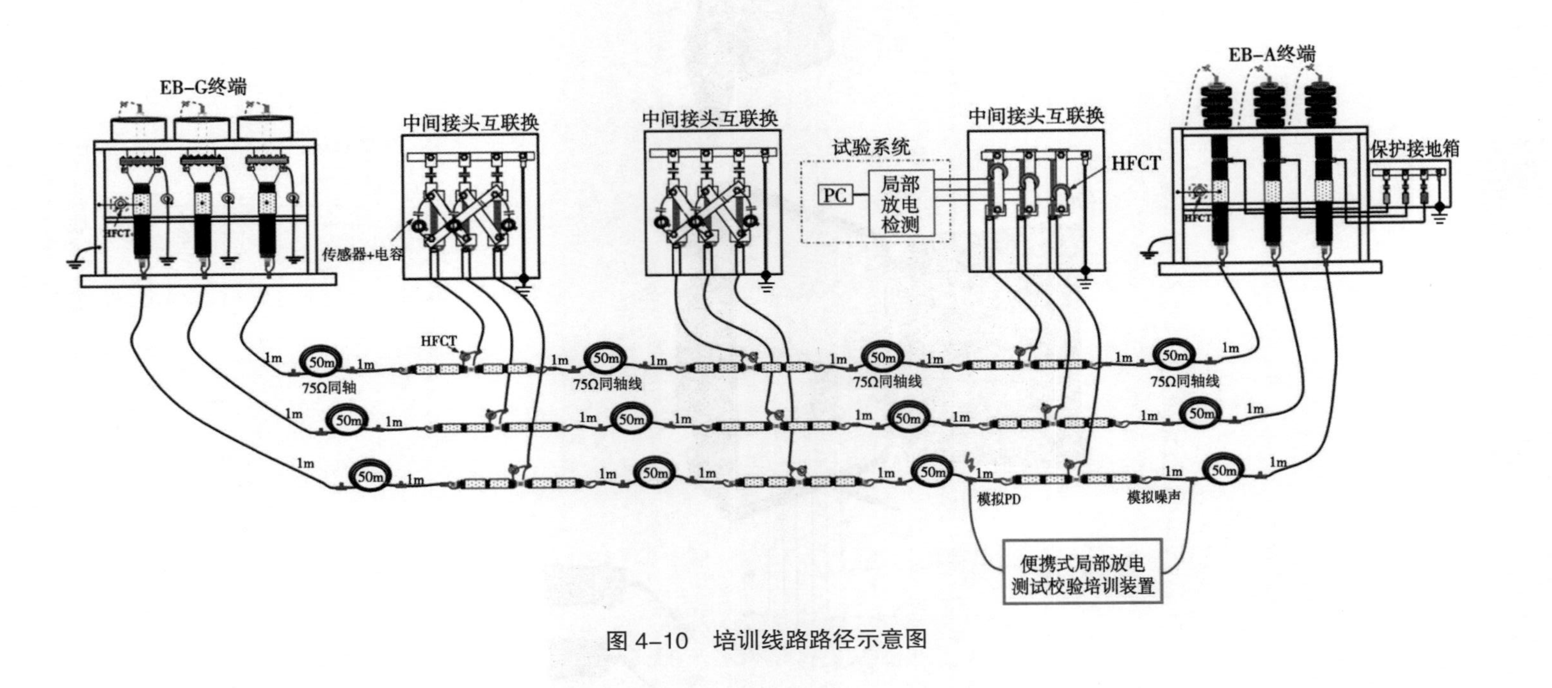

图 4-10 培训线路路径示意图

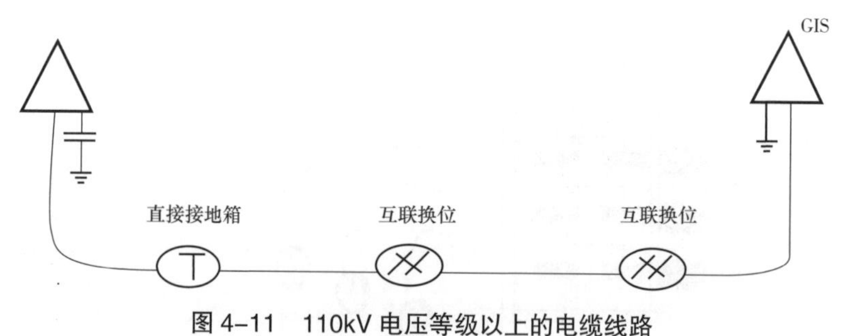

图 4-11　110kV 电压等级以上的电缆线路

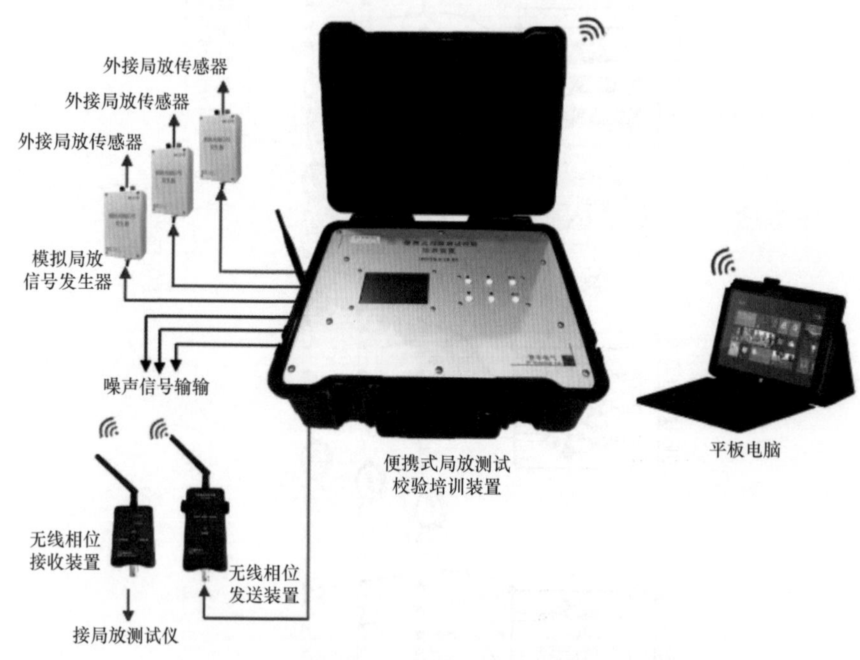

图 4-12　便携式局放测试模拟培训装置系统构成

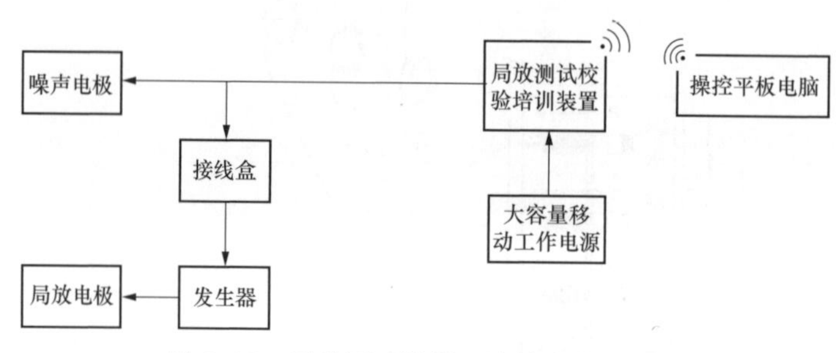

图 4-13　局放测试培训系统的安装示意图

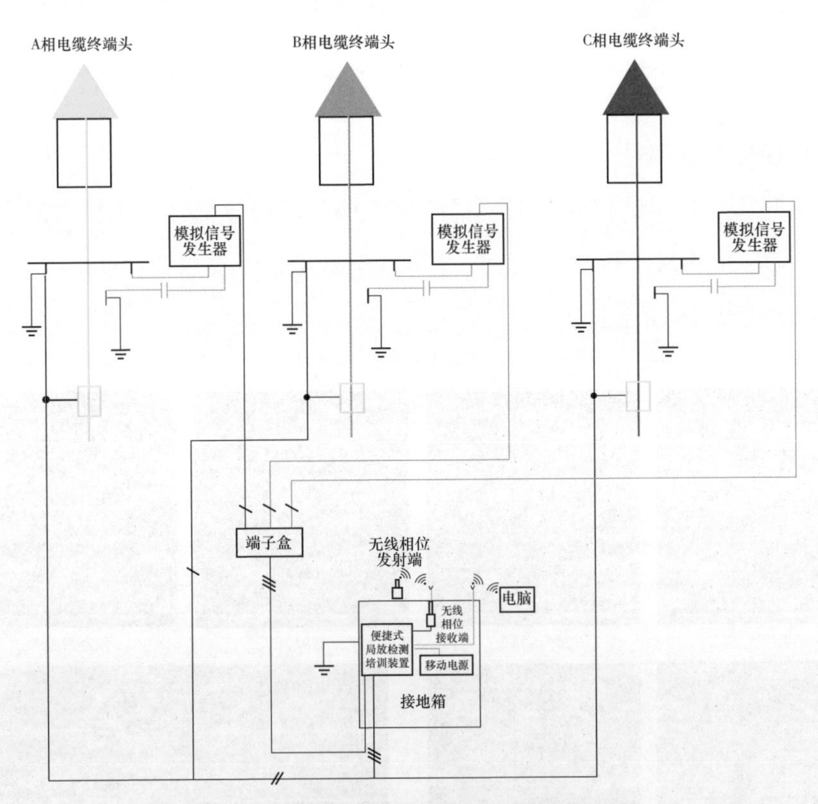

图 4–14　电缆终端位置培训系统安装接线图

在电缆中间接头位置培训系统安装接线图如图 4–15 所示。

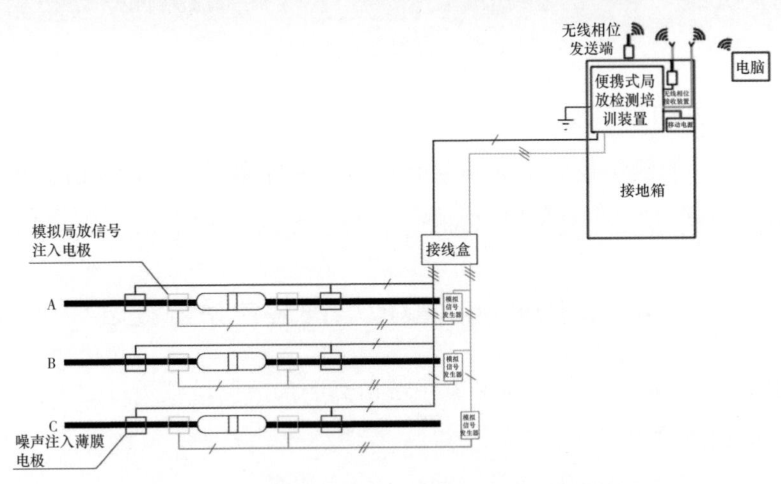

图 4–15　电缆中间接头位置培训系统安装接线图

4.2.3 便携式局放测试模拟培训装置系统模拟信号

1. 模拟局放信号

便携式局放测试校验培训装置能够模拟多种局放信号，包括内部气隙、金属杂质、电树枝、预制件缺陷、半导体屏蔽裂痕、金属颗粒缺陷引发的局放信号如图 4–16 所示。

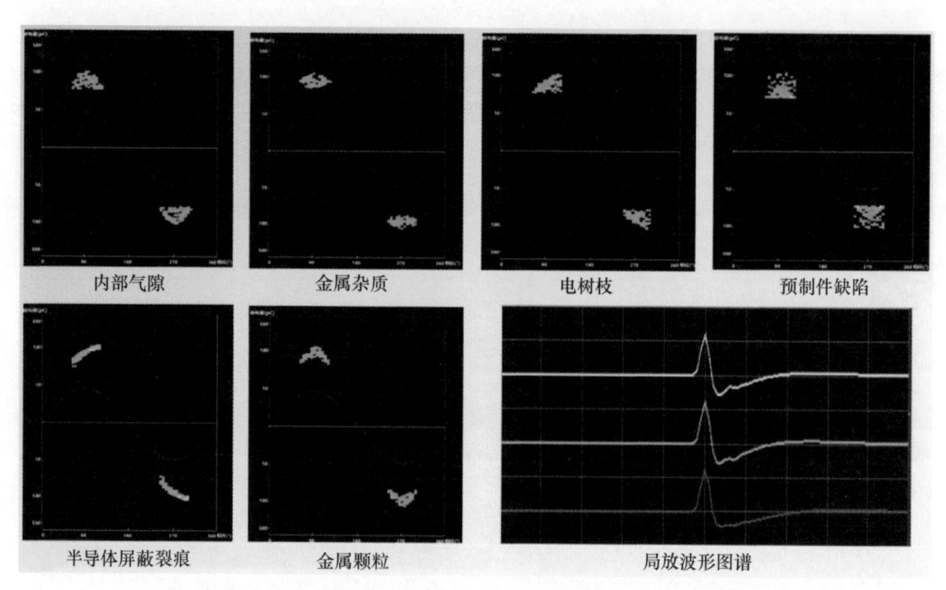

图 4–16 模拟多种局放信号

2. 模拟噪声信号

便携式局放测试校验培训装置能够模拟多种噪声信号，包括旋转电机、电力电子器件、接触不良等引起的噪声信号，如图 4–17 所示。

4.2.4 便携式局放测试模拟培训装置系统测试

便携式局放测试模拟培训装置系统由高频局放测试仪进行测试，测试接线图如图 4–18 所示。

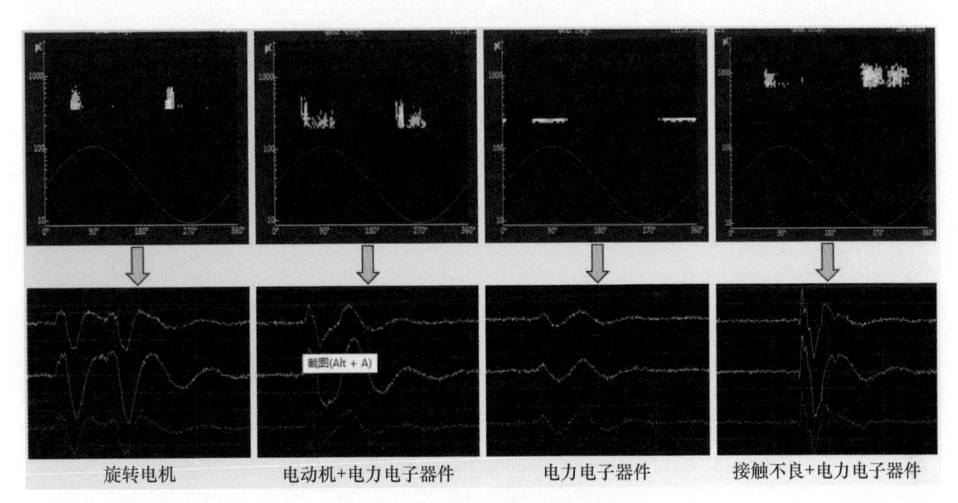

图 4–17　模拟多种噪声信号

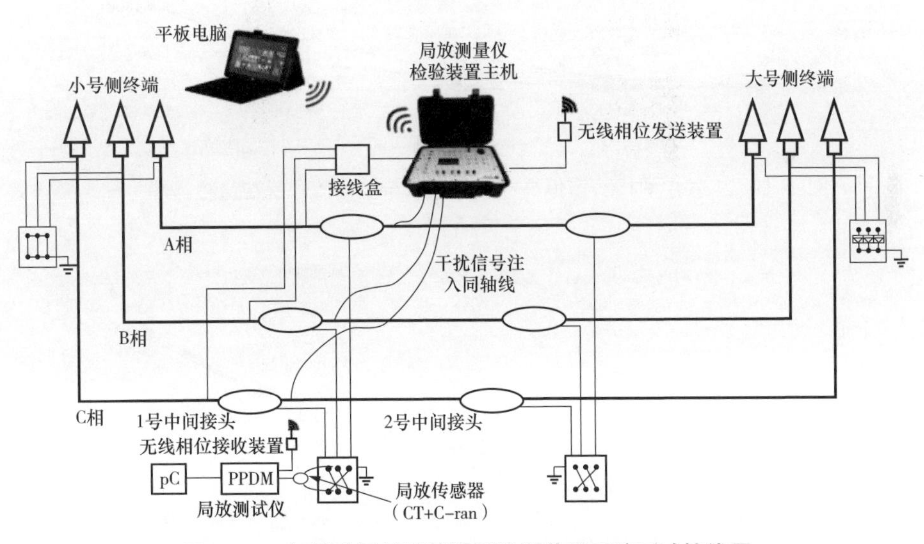

图 4–18　便携式局放测试模拟培训装置系统测试接线图

注：蓝色部件及线材为便捷式局放检测仪。

通过控制终端（平板电脑）调节和控制校验装置输出的局放信号量、干扰信号量，同时记录高频局放检测仪检测结果。

1. 局放信号检测

分别在 110kV 输电电缆线路的 4 个接头逐相注入 250pC、500pC、5000pC、10000pC、15000pC、25000pC 的模拟局放信号，同时观察和记录局放检测仪采集与检出（三相同步，采样频率为 5~10MHz）的局放视在量，判断注入量与检出是否呈正比。

1 号电缆中间接头模拟局放注入与检出局放视在量数据折线图如图 4–19 和图 4–20 所示。

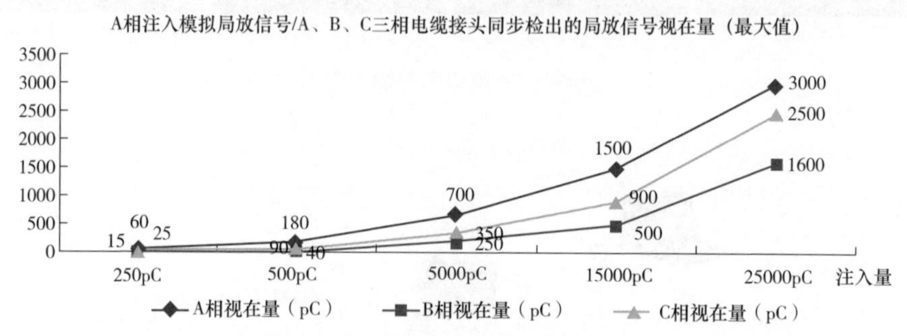

图 4–19 1 号中间接头模拟局放信号注入与检出信号视在量趋势图（一）

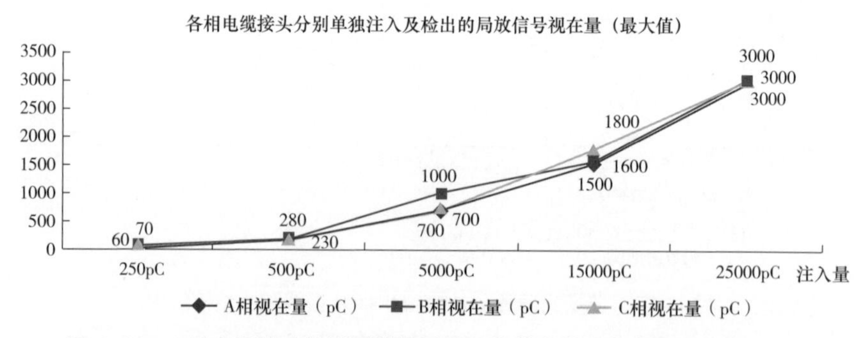

图 4–20 1 号中间接头模拟局放信号注入与检出信号视在量趋势图（二）

小号侧电缆终端接头（代表性）模拟局放注入与检出局放视在量数据折线图如图 4–21 和图 4–22 所示。

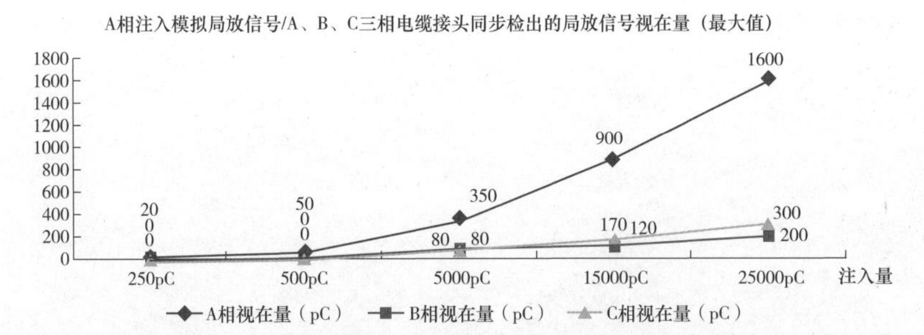

图 4-21　模拟局放信号注入与检出信号视在量趋势图

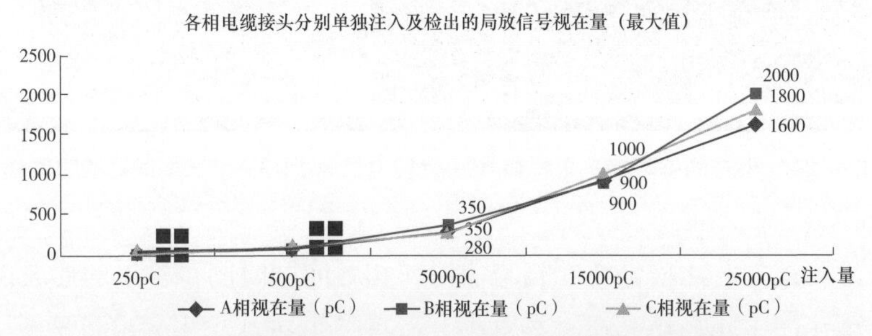

图 4-22　模拟局放信号注入与检出信号视在量趋势图

2. 干扰信号检测

以注入干扰信号 - 旋转电机为例，检测图谱如图 4-23 和图 4-24 所示。

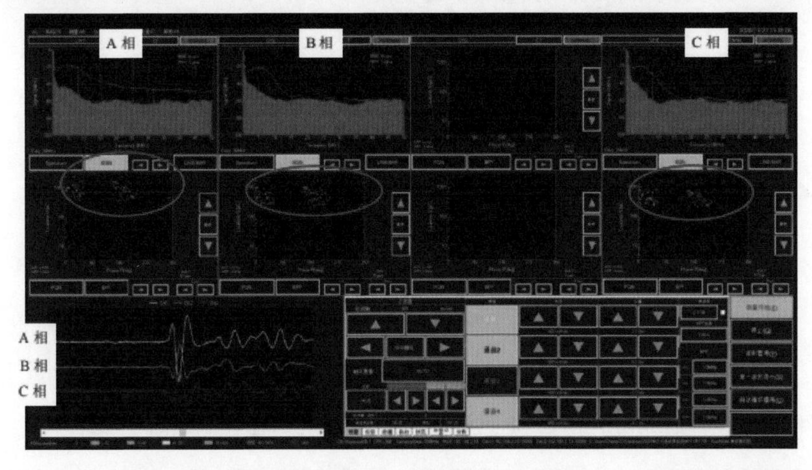

图 4-23　1 号电缆中间接头干扰信号 - 旋转电机 A 相注入 / 三相同时检出图谱

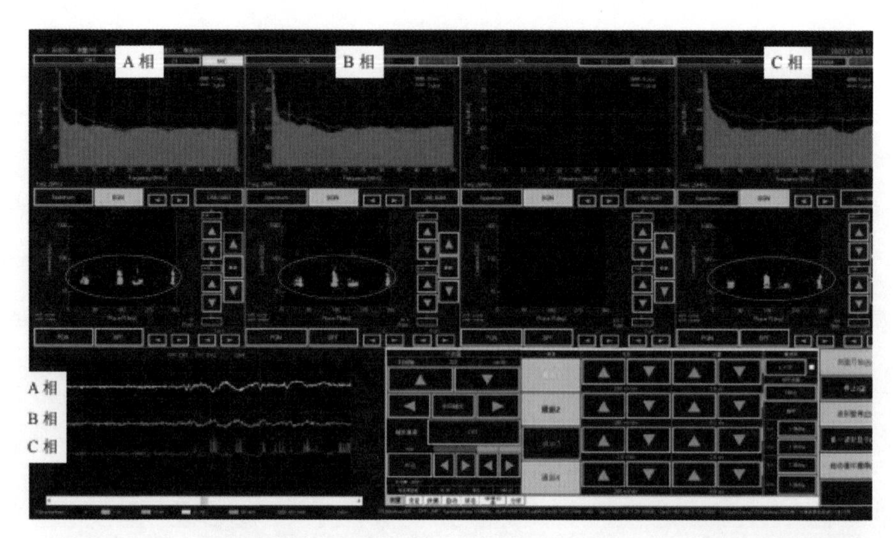

图 4-24　小号侧终端接头干扰信号 - 旋转电机 A 相注入 / 三相同时检出图谱

经过测试，对比信号注入相与非注入相之间同时同步检出的局放信号视在量，确认注入相检出的信号量最大，信号大小约是非注入相的 2~7 倍，检出量与注入量呈正比，符合局放信号相间传播规则。通过考察和对比三相电缆检出的最大值，确认到每个接头注入检出的信号基本一样，最大误差不大于 400pC。局放信号检出量与电缆接头类型（接地方式）有关。对比干扰信号 - 旋转电机在不同类型的电缆接头上注入与检出的信号量，中间接头耦合信号量较大，符合局放信号传播规则。通过调节增益大小确认到干扰信号 - 旋转电机控制功能有效，可将培训系统应用于电缆高频局放的检测培训中。

4.3　特高频局放检测技术培训平台

特高频局放检测技术主要用于电缆 GIS 终端缺陷检测，通过选用真型 GIS 罐体及模拟放电检测装置，搭建特高频局放检测技术平台，重点提升学员标准化作业、仪器规范使用、检测干扰排除、试验数据分析和设备状态诊断能力。

1. 培训平台构成

该平台主要由 GIS 罐体、手持式局放检测仪、特高频信号发生器组成，如图 4–25 所示。

模拟缺陷测试步骤如下：

1）通过手孔位置放置型特高频信号发生器，选择所需的信号模拟类型。

2）将特高频信号发生器放置在 GIS 内部某一位置，放置好信号发生器后盖好手孔盖板。

3）分别进行特高频模拟干扰、悬浮、电晕、气隙放电，通过特高频局放检测仪器对图 4–26 中 UHF 测点进行测试。

图 4–25　特高频局放检测培训平台

2. 特高频信号发生器

特高频信号发生器是专为模拟局放缺陷、校验局放测试仪器及 GIS 局放在线装置而配套设计，可用于校验检测装置的灵敏度和有效性。其主要包含主机、充电器、充电线、电源同步线和信号发射器，如图 4–27 所示。

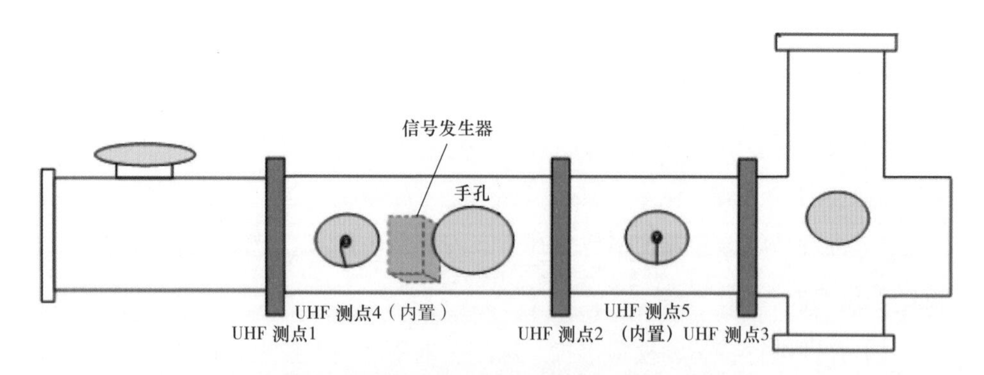

图 4-26　信号测点及信号发生器布置示意图

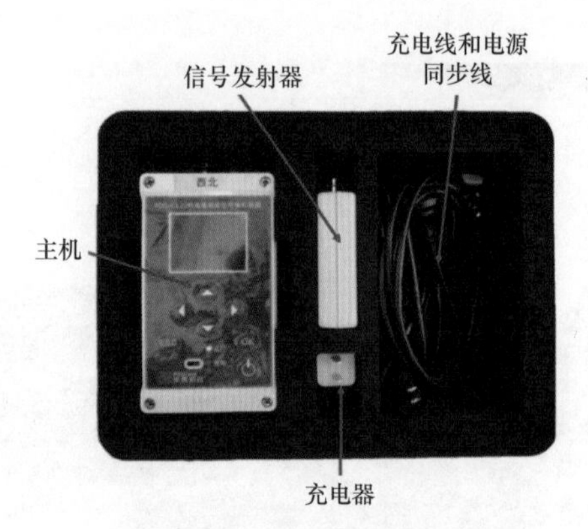

图 4-27　特高频信号发生器

特高频信号发生器特点如下：

1）支持特高频局放带电测试仪 / 局放监测装置校准。

2）支持模拟特高频局放幅值图谱、周期图谱、相位图谱、波形图谱、PRPS/PRPD 图谱等检测谱图。

3）支持 TNC 接口输出，用于校验检测装置的灵敏度和有效性。

4）具备 4 种局放模式可选，切换模式可产生干扰信号、悬浮信号、电晕和绝缘信号的典型 PRPD/PRPS 图谱特征，如图 4-28 所示。

5）具备日光灯工频同步、内部 50Hz 电源同步功能。

6）具备内置电源及充电管理装置，电池可保证不低于 8h 长时间工作。

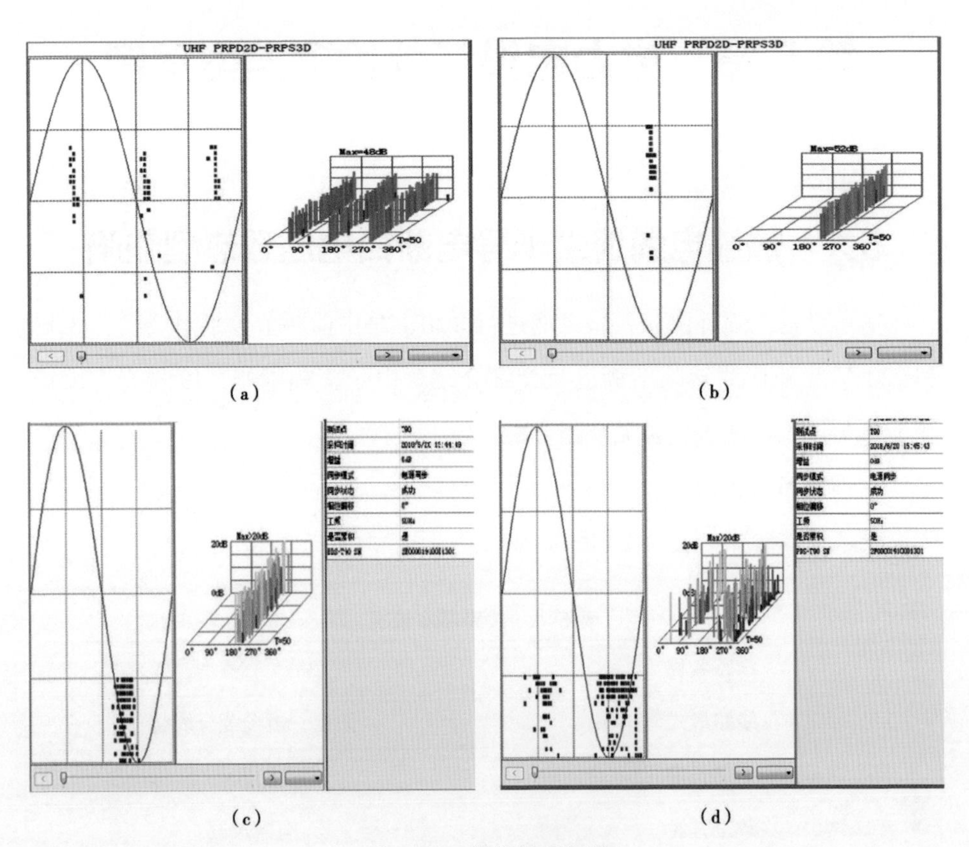

（a）　　（b）

（c）　　（d）

图 4-28　模拟信号图谱

（a）Mode1 手机干扰；（b）Mode2 悬浮放电；（c）Mode3 电晕放电；（d）Mode4 气隙放电

第 5 章　电力电缆红外检测典型案例

5.1　热缩电缆终端半导电断口电压致热型缺陷

本章对电缆红外测温典型案例进行介绍，其中前两节分别对典型的 35kV 和 220kV 红外检测缺陷案例进行详细介绍。由于篇幅限制，后两节为 35kV 和 110kV 以上电缆红外常见缺陷合集。

1. 线路基本情况

线路基本情况如表 5-1 所示。

表 5-1　线路基本情况

线路名称	35kV YNY 线
线路形式	架空—电缆混合线路
电缆长度	2.837km
敷设方式	沟槽敷设
接地方式	直接接地
投运时间	2003 年 7 月 1 日
电缆型号	YJV22–26/35–3 × 300mm^2
缺陷位置	户内终端

2. 缺陷过程描述

2020 年 3 月，带电检测人员对 35kV YNY 线电缆终端进行红外测温，发现Ⅱ号电缆 B 相终端伞裙下方温度异常，如图 5-1 所示，属于明显的电压致热型缺陷。次日，安排红外复测和高频局放检测，复测确认终端相间温差超过 4℃，且存在明显局放信号。分析两次检测结果，判定为终端内部局部放电导致的过热缺陷，申请临时停电处理。

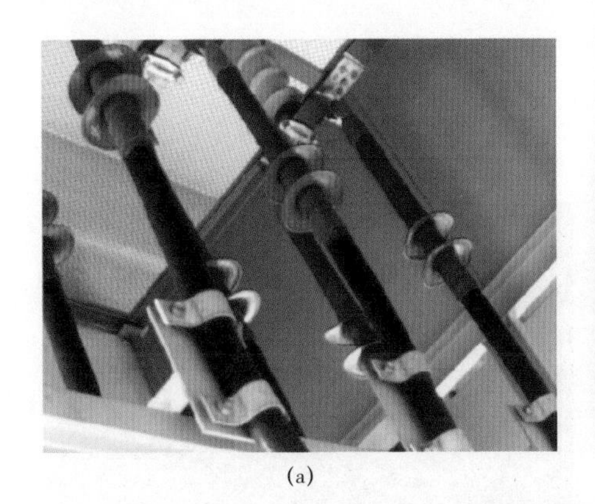

(a)

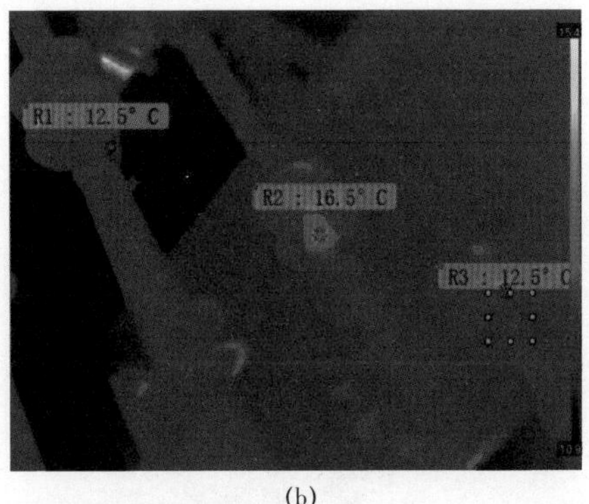

(b)

图 5-1　YNY 线终端红外检测结果

（a）可见光图；（b）红外图

3. 检测数据分析

电缆终端为户内热缩终端，外观检查未发现终端有明显异常。复测红外图像如图 5-2 所示，高频局放结果如图 5-3 所示，表 5-2 为终端三相红外测温数据。

表 5-2　电缆户内终端红外测温对比表　　温度：℃

项目名称	环境温度	A 相	B 相	C 相	相间温差
首测	室温 7℃ 湿度 40%	12.5	16.5	12.5	4
复测	室温 8℃ 湿度 45%	12.2	16.9	12.2	4.7

《电力电缆及通道运维规程》（Q/GDW1512—2014）附录 I 电缆及通道缺陷分类及判断依据表 I.1 规定“本体相间超过 2℃但小于 4℃为一般缺陷；本体相间相对温差≥ 4℃为严重缺陷”，两次红外测温显示 B 相与 A、C 相间温差分别为 4℃和 4.7℃，均大于 4℃，可以判定该缺陷属于严重缺陷。同时根据高频电流局放检测图谱分析，B 相存在明显的局部放电特征，放电最大幅值为 160mV，而 A、C 相没有上述特征。结合红外测温结果，判定发热

点是由于局部放电产生热量致使升温，判定为严重缺陷，需要及时停电检查处理。

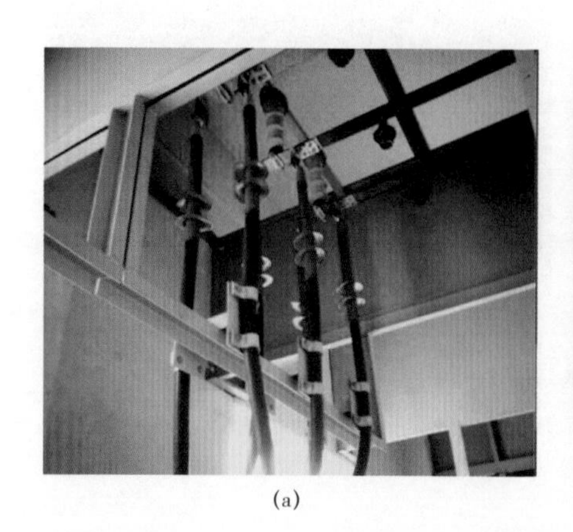

(a)

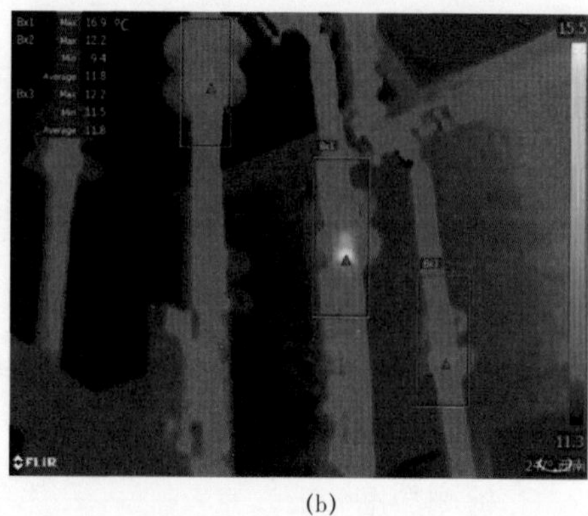

(b)

图 5–2 复测Ⅱ缆红外检测结果

（a）可见光图；（b）红外图

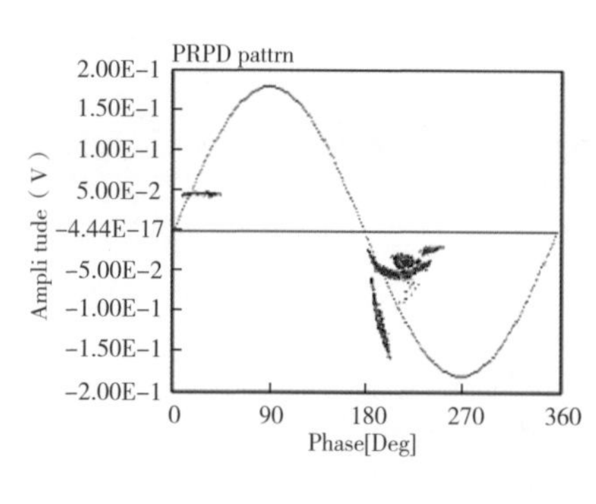

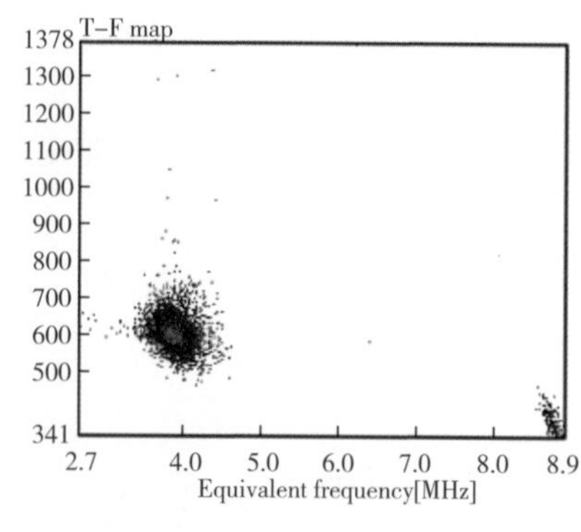

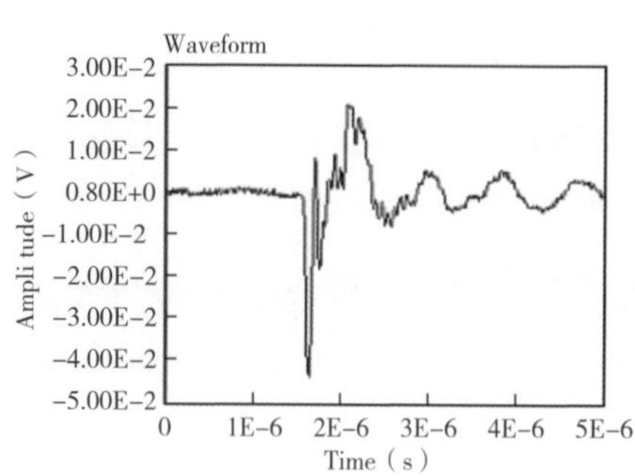

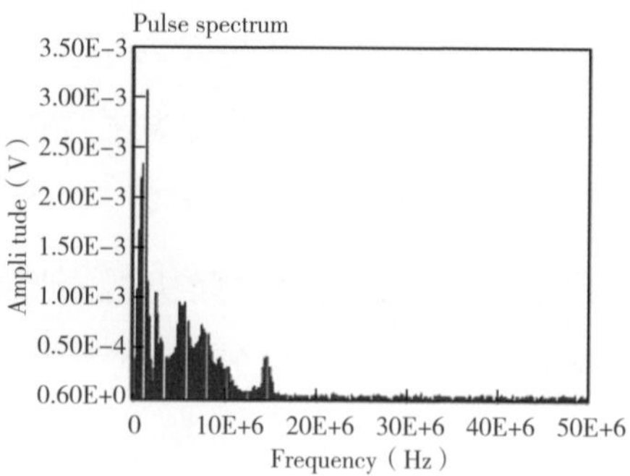

图 5–3 Ⅱ缆 B 相高频局放检测谱图

4. 缺陷解体验证

同日，YNY线转为检修状态，检修人员对缺陷终端附件进行拆解，发现绝缘管和应力管之间有多处放电痕迹，且正好位于半导电层断口位置，如图5–4所示。

图5–4 电缆终端绝缘管（红）和应力管（黑）情况

进一步拆解应力管后，发现电缆主绝缘表面光滑没有放电痕迹和刀痕。之后又根据该电缆附加安装说明对安装结构和尺寸进行一一核查，均未发现问题，如图5–5所示。

图5–5 工作人员现场拆解检查缺陷电缆终端

5. 缺陷原因分析

（1）现场检查分析

通过现场外观检查，可以判断此过热缺陷为电缆终端绝缘管和应力管之间存在局部放电导致。

（2）局部放电产生原因

35kV 热缩电缆终端结构和电场分布如图 5-6 所示，可知电缆终端电场分布不均匀，且半导电断口处应力非常集中，该终端通过应力控制管来改善电场分布，但仍有较大应力，因此半导电断口处绝缘表面、应力管和绝缘管之间必须非常紧密贴合，防止间隙产生。该电缆终端 2003 年投入运行，由于运行年限较长，随着环境温湿度变化，材料收缩或膨胀，不断老化，导致弹力下降，导致绝缘管和应力管之间贴合不紧密出现小气隙，在局部强电场作用下产生局放，又通过电树枝向周边生长爬电扩大了放电范围，因此出现多处放电痕迹，致使温度升高。若不及时处理，电树枝会不断烧蚀应力管和绝缘管，甚至击穿整个主绝缘放电。

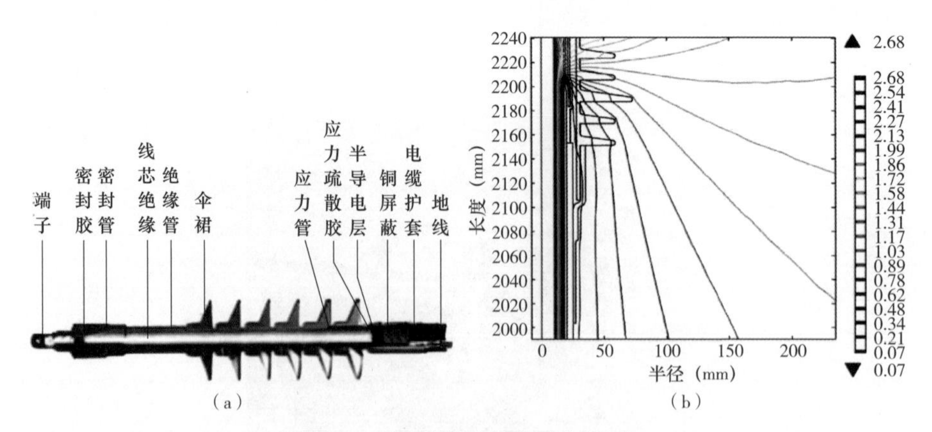

图 5-6　电缆终端结构及电场图

（a）热缩电缆终端结构；（b）热缩电缆终端电场分布

6. 反事故措施

1）严格把控电缆及其附件的安装施工，严格按照标准验收。

2）对于运行年限较长电缆终端加强带电检测和监测，及时更换问题附件。

5.2 户外瓷套电缆终端电压致热型缺陷

1. 线路基本情况

基本情况如表 5-3 所示。

表 5-3 线路基本情况

线路名称	220kV RSY 线
线路形式	架空 – 电缆混合线路
电缆长度	3.514km
敷设方式	电缆沟槽敷设
接地方式	保护器接地
投运时间	2010 年 3 月 30 日
电缆型号	YJLW03–127/220–1 × 2500mm^2
缺陷位置	户外终端

2. 缺陷过程描述

2019 年 11 月，检测人员对 220kV RSY 线 13 号终端塔进行红外检测，发现 C 相终端温度异常，如图 5-7 所示，并伴有大量新鲜油迹，次日凌晨 4 时

(a)

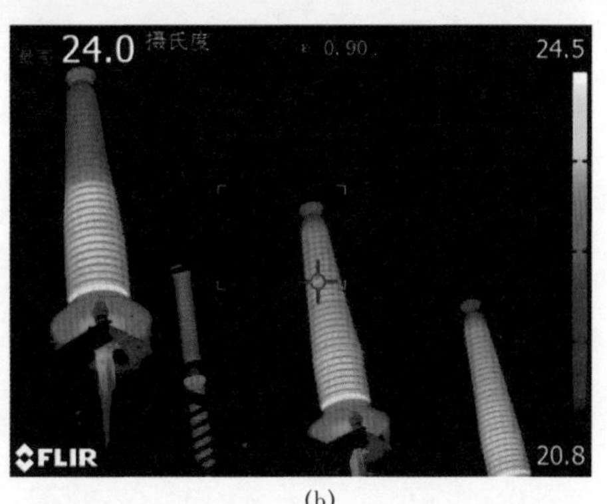

(b)

图 5-7 RSY13 号终端塔红外检测结果

（a）可见光图；（b）红外图

经复测确认为终端漏油缺陷。由于红外图像显示终端油面已降至套管中部位置，故申请临时停电处理。

3. 检测数据分析

电缆终端为瓷套式户外终端，现场外观检查发现电缆终端C相有大量新鲜油迹，油迹发亮无脏污现象，保护管外侧也存在油迹，终端下方位置油迹明显，如图5–8所示。

(a)

(b)

图5–8 C相电缆漏油情况

以22日凌晨4时所拍摄的红外图片进行分析，其中表5–4为电缆户外终端红外测温对比表，图5–9（a）为电缆终端正常相B相的红外图片，图5–9（b）为电缆终端异常相C相的红外图片。可见C相终端上部、下部区域最高温

表5–4 电缆户外终端红外测温对比表 温度：℃

项目名称	A相	B相	C相	相间温差
上部区域最高温度	23.5	23.6	22.3	1.3
下部区域最高温度	24.1	24.1	24.6	0.5
同相温差	0.6	0.5	2.3	

度差达到了 2.3℃，上部、下部有明显温度分界面，红外热像特征显示其为套管漏油引起的。另外，对比不同终端相同区域的温度，最高温度差也有 1.3℃。

(a)

(b)

图 5-9 RSY 线 13 号塔红外检测结果

（a）正常相 B 相红外图；（b）异常相 C 相红外图

根据《带电设备红外诊断应用规范》（DL/T 664—2016）对红外检测紧急缺陷的诊断判据，其中对电压致热型和容易判定内部缺陷性质的设备（如缺油的充油套管、温度异常的高压电缆终端），其缺陷明显严重时，应立即消缺或退出运行。而且，规程规定电压致热型设备的缺陷宜纳入严重及以上缺陷管理程序。而所测设备为电压致热型设备，C 相上部、下部有因漏油引起的明显温度分界面，温差达到了 2.3℃，容易判定存在明显严重的内部缺陷，因而判定该缺陷为紧急缺陷，应立即消缺或退出运行。

4. 缺陷解体验证

现场打开套管顶帽发现，油位位置距离套管上沿为 1390mm，套管全长为

2670mm，油位位置与红外测温位置吻合，如图 5-10 所示。

图 5-10 油位位置距离套管上沿距离图

放油完毕，套管吊除后对尾管位置检查发现，尾管止油管有一定程度的错位，如图 5-11 所示，止油管露出法兰盘尺寸应为 18mm，目前为 30mm。原本位于止油管中部位置的密封圈移至止油管上部，密封效用大大下降，结合近期温度骤升，造成大量出油。

图 5-11 油位位置距离套管上沿距离图

5. 缺陷原因分析

（1）现场检查分析

通过现场外观检查，可以判断为一次突发的漏油现象。根据运行人员表述，2018年5月份发现该处终端存在渗油现象，但是现象较为轻微，仅电缆表面附着油迹，之前长期巡视未发现扩大迹象，周期性红外测温也未发现异常现象。

（2）漏油原因

终端底部压油管与法兰板的对应位置如图5-12所示，由法兰板与压油管之间的垫圈负责底部硅油的密封，在运行过程中，压油管位置向下方错位，造成垫圈位置无法与压油管紧密贴合，形成漏油通道，造成短时漏油现象，该情况与外观检查吻合。

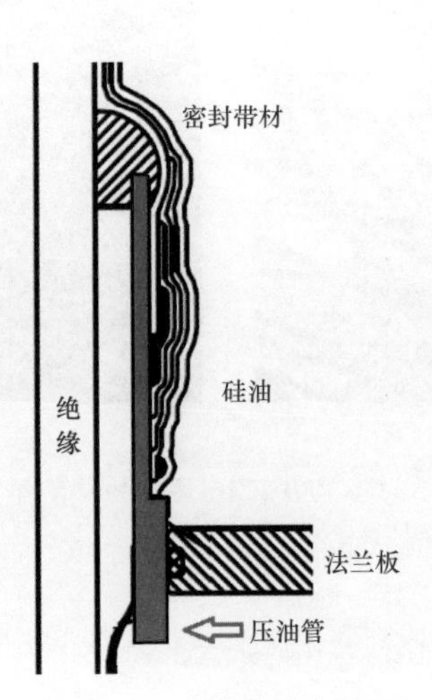

图5-12 电缆终端剖面图

（3）压油管错位原因

压油管为铜质材料，本身具有一定重量，压油管上方和下方均采取带材缠绕方式进行固定，结合内部硅油的热胀冷缩法，兰板与压油管的对应位置有一定的上下调整，但应该在可控范围内。该终端下方电缆有轻微的倾斜，有可能造成压油管一侧与法兰板摩擦，压油管上下调整不畅，最终形成错位。

6. 反事故措施

1）严格把控电缆及其附件的安装施工，严格按照标准验收，避免存在易诱发缺陷的隐患。

2）对于存在轻微漏油现象的终端，要加强巡视与红外测温频率，漏油量随时可能急剧扩大。

5.3 35kV 电缆红外检测典型案例

1. 终端搭火点接触不良缺陷过热缺陷

某年 2 月，带电检测人员发现 WHE25 号塔外侧电缆 A 相终端搭火点过热，较 B、C 相高 20℃，如图 5–13 所示，判定为严重缺陷。

(a)

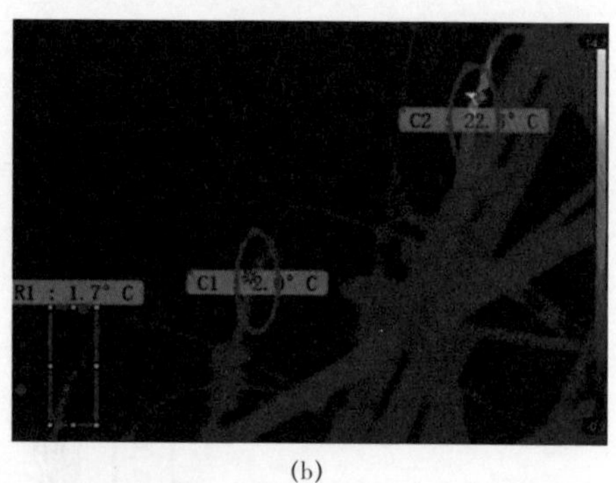

(b)

图 5–13 WHR25 号红外检测结果

（a）三相可见光图；（b）三相红外图

运维人员跟踪复测，如图 5–14 所示，持续关注缺陷状态。

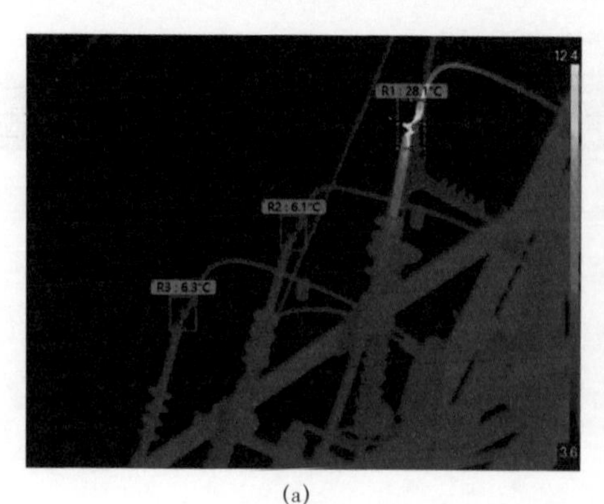

(a)

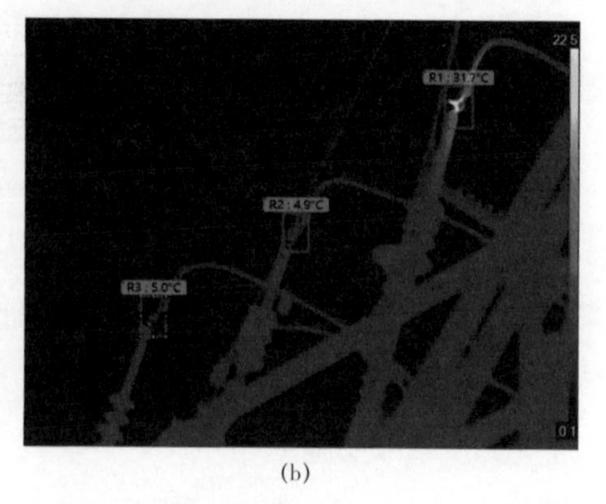

(b)

图 5–14 WHR25 号三相红外跟踪复测结果（一）

（a）2 月 22 日检测结果；（b）2 月 28 日检测结果

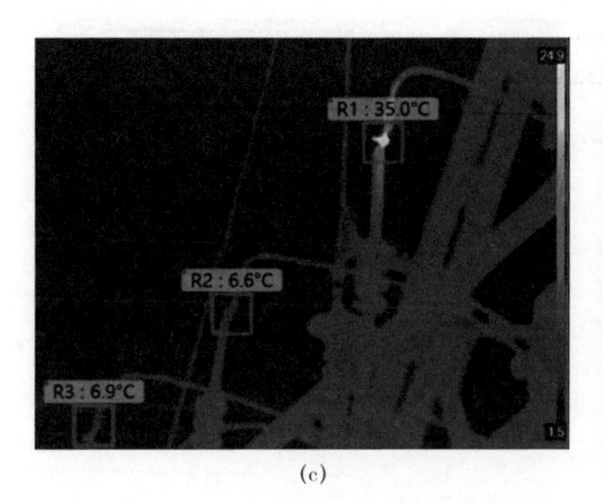

(c)

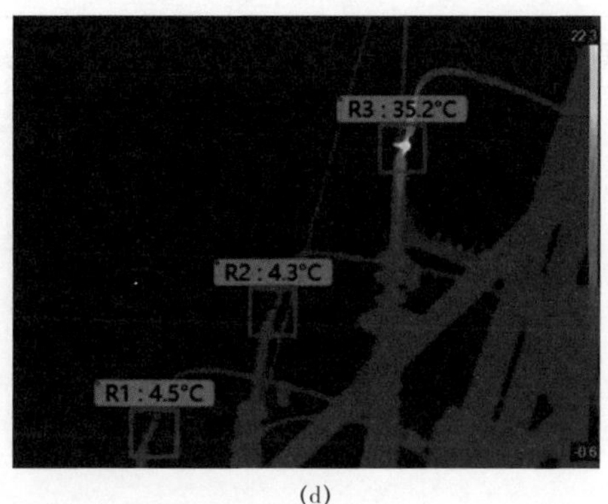

(d)

图 5-14　WHR25 号三相红外跟踪复测结果（二）

（c）3 月 12 日检测结果；（d）4 月 8 日检测结果

从表 5-5 看出，A 相搭火点较 B、C 相搭火点相间温差逐步增大，缺陷愈发严重，随即申请停电处理。

表 5-5　A 相搭火点相间温差　　单位：℃

时间	2 月 20 日	2 月 22 日	2 月 28 日	3 月 7 日	4 月 8 日
相间温差	20.6	21.8	26.8	28.4	30.9

4 月，对 WHR 线搭火点过热缺陷进行停电处理，发现搭火点处存在连接螺栓松动及锈蚀现象，造成接触电阻过大导致发热，搭火点接线端子进行打磨，并更换过线及螺栓，送电后检测结果正常。

2. 过线断股过热缺陷

5 月某日，发现 YX1 号杆 B 相搭火点处有热点 139.8℃，与 A、C 两相相同部位温度相差 98℃，如图 5-15 所示，判定为危急缺陷。

当日下午，检测人员复测如图 5-16 所示，搭火点相间温差上升至 152.4℃。

随即进行停电处缺，发现过线存在断股现象，如图 5-17 所示，及时更换断股过线，送电后红外测温正常。

(a)

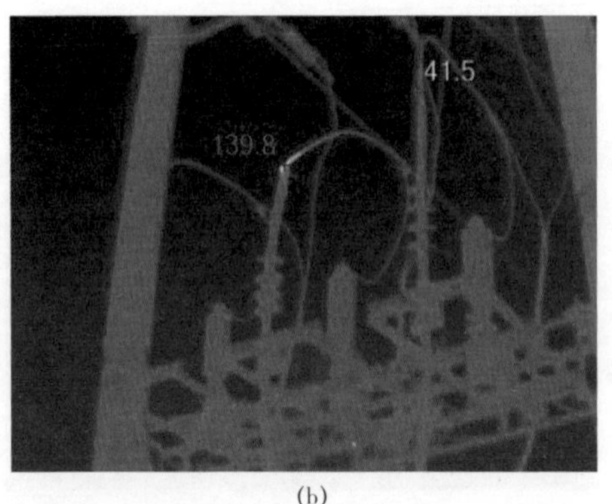

(b)

图 5-15　YX1 号红外检测结果

（a）可见光图；（b）红外图

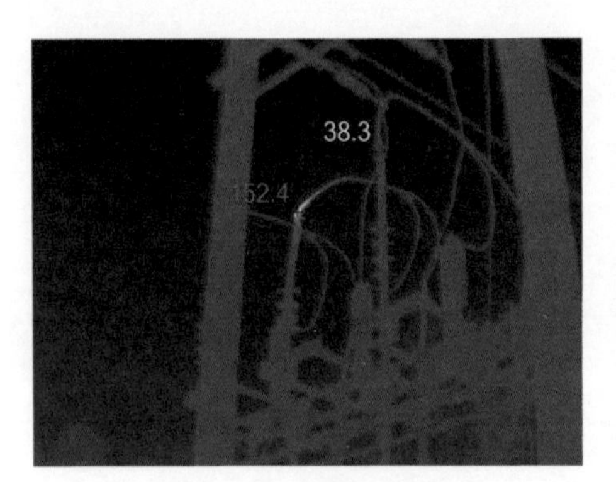

图 5-16　复测红外图

图 5-17　B 相终端过线

3. 线夹螺丝松动过热缺陷

7 月某日发现 35kV QH 线 9 号塔 B 相线夹 87.6℃，较其他相高 53.8℃，相对温差 93%，如图 5-18 所示，判定为严重缺陷。

由于温差较大，当天下午又对该处缺陷进行复测，如图 5-19 所示，结果为 B 相线夹温度 96.6℃，相间温差 63.0℃，相对温差 96%，已升级为危急缺陷。

立即申请停电，更换过热线夹，送电后复测过热点消失。

(a)

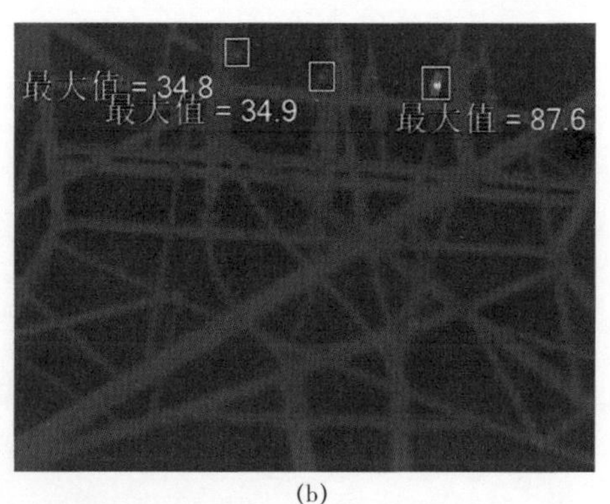

(b)

图 5-18 QH9 号红外检测结果

（a）可见光图；（b）红外图

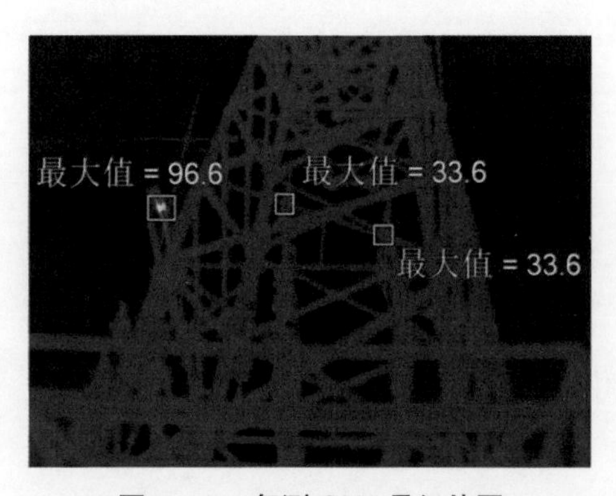

图 5-19 复测 QH9 号红外图

4. 总结分析

从长期检测经验来看，35kV 电缆终端最容易发生过热的部位依次为线夹及过线、终端搭火点、终端半导电断口（一般位于最下层伞裙下方），测温时应格外注意这些部位。针对过热缺陷发生部位的不同，可以大致判断缺陷原因，并对应提出检修建议。

1）线夹及过线过热，属于电流致热型缺陷。此处接触电阻增大原因：一是线夹连接松动，二是导线断股导致截面积减小。处理方法为检查更换线夹、修补或更换过线。

2）终端搭火点过热，属于电流致热型缺陷。这类缺陷直接原因是局部接触电阻增大，导致电流增大、能量集中。搭火点处既有螺栓连接，又有铜铝过渡、连接松动、环境腐蚀导致电化学反应是搭火点处电阻增大的直接原因。处理方法为更换及紧固螺栓，对过线及铜铝端子进行更换。

3）终端半导电断口发热，属于电压致热型缺陷。这类缺陷一般原因是附件制作工艺不良导致半导电断口处电场畸变，在不均匀电场作用下产生局部放电，处理方法为检查并重新制作终端。

5. 35kV 电缆终端测温技巧及注意事项

1）测温前记录现场天气情况，包括温度、湿度等信息，并记录负荷情况。

2）调整测温仪参数，如辐射系数、测温范围等参数。

3）调焦，可以以伞裙外轮廓是否清晰可见为参考进行快速调焦。

4）选取避光位置，首先对上述易热部位进行扫描，观察屏幕上是否有亮点，可以适当缩小测温范围，增加温差对比度。选取终端背面再次进行扫描测温。

5）若未发现异常亮点，可选取合适位置拍照保存，要求：画面内应包含同缆三相终端，各相终端距测温仪距离基本一致，清晰可见各终端本体、搭火点及附近过线。

6）若发现过热点，还需分别按以下方法精准测温：①对准过热亮点处，尽量使该相终端充满屏幕，再次调焦，对过热部位前后左右分别测温并保存。②应选取角度使画面内清晰包含三相或两相终端同部位，便于精准计算相间温差。同样最好保存多方位热像信息。依据相关规程及要求，做出检测结果判定。

7）对于结果异常或缺陷终端，应采用不同设备加强复测，记录变化情况，综合负荷、天气等信息，对缺陷发展趋势及原因做出判断，提出检修建议。

5.4 110kV 及以上电缆红外测温缺陷案例

110kV 及以上电缆也存在终端搭火点、线夹及过线发热缺陷，但是由于终端结构不同和单芯电缆接地系统不同，110kV 及以上电缆有漏油发热缺陷、接地系统发热等独特红外缺陷类型。

1. 过线断股发热缺陷

如图 5-20 所示为 110kV SWE 线 10 号塔红外检测结果，A 相终端过线有明显发热现象。

图 5-20 SWE 线 10 号塔电缆户外终端红外图

如表 5-6 所示，A 相过线温度 80.2℃，比 B、C 两相高 70℃以上，原因是过线断股导致的载流截面减小，属于电流致热型缺陷。

表 5-6 电缆户外终端红外测温对比表 单位：℃

项目名称	A 相	B 相	C 相	AB 相间温差	AC 相间温差
过线温度	80.2	6.6	6.2	73.6	74

2. 搭火点接触不良发热缺陷

如图 5-21 所示为 220kV RRE 线 12 号塔红外检测结果，终端搭火点有明显发热现象。

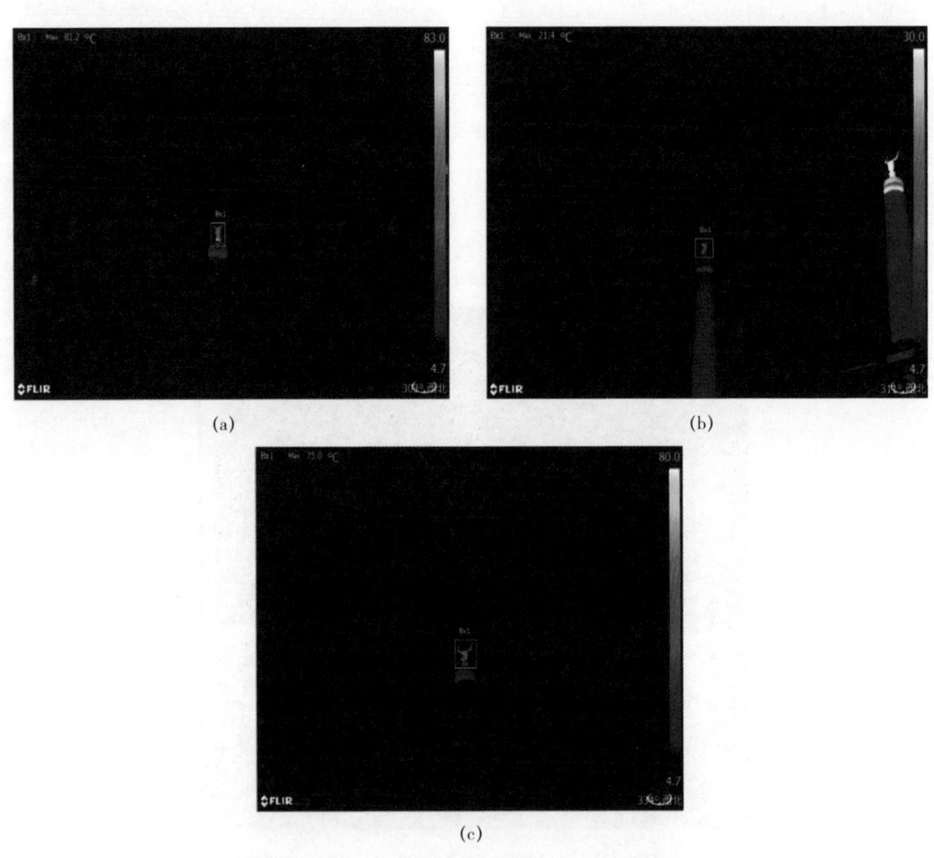

(a)　(b)　(c)

图 5-21　RRE 线 12 号塔红外检测结果

（a）A 相终端红外图；（b）B 相终端红外图；（c）C 相终端红外图

如表 5-7 所示，A 相、C 相温度比 B 相高 50℃以上，原因是搭火点松动锈蚀导致接触电阻增大，属于电流致热型缺陷。

表 5-7　电缆户外终端红外测温对比表　单位：℃

项目名称	A 相	B 相	C 相	AB 相间温差	BC 相间温差
套管柱头温度	81.2	21.4	75.0	59.8	53.6

3. 终端漏油缺陷

如图 5-22 所示为 110kV BH 线 33 号塔红外检测结果，检测发现有漏油现象，其红外图像显示 A 相终端上部与下部有明显温差。

(a)

(b)

图 5-22　BH 线 33 号塔红外检测结果

（a）A 相终端红外图；（b）C 相终端红外图

如表 5-8 所示，A 相终端上部与下部温差已经有 3.2℃，原因是终端漏油导致内部油面下降严重，终端内部产生的热量集中于有绝缘油的下半部分。

表 5-8　电缆户外终端红外测温对比表　　单位：℃

项目名称	A 相	C 相	相间温差
上部区域最高温度	3.6	2.1	1.5
下部区域最高温度	6.8	2.8	4
同相温差	3.2	0.7	

4. 接地保护器发热缺陷

如图 5-23 所示为 110kV LJ 线 8 号塔红外检测结果，金属护套通过保护器接地，从红外图像可以看到 A 相保护器严重发热。

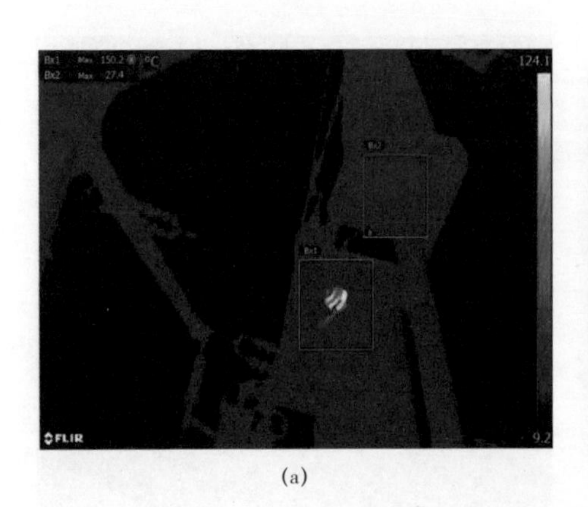

(a)

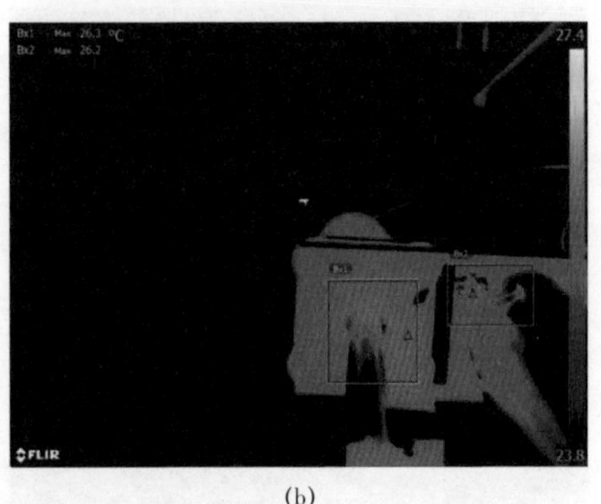

(b)

图 5-23 LJ 线 8 号塔红外检测结果

（a）A 相终端红外图；（b）B 相终端红外图

如表 5-9 所示，A 相保护器高达 150.2℃，原因是金属护套未有效接地，感应电压过高引起保护器发热，长期发热会导致保护器损坏。

表 5-9 电缆户外终端红外测温对比表 单位：℃

项目名称	A 相	B 相	相间温差
保护器最高温度	150.2	26.3	123.9
地线最高温度	27.4	26.2	1.2

5. 金属护套多点直接接地发热缺陷

如图 5-24 所示为 220kV 某变电站 2201 间隔 A 相电缆红外检测结果，红外图像显示本体与地面接触点附近发热。

如表 5-10 所示，电缆发热点比正常部分温度高 18.1℃，原因是外护套破损，造成电缆铝护套多点直接接地，环流增大引起的发热。

(a)

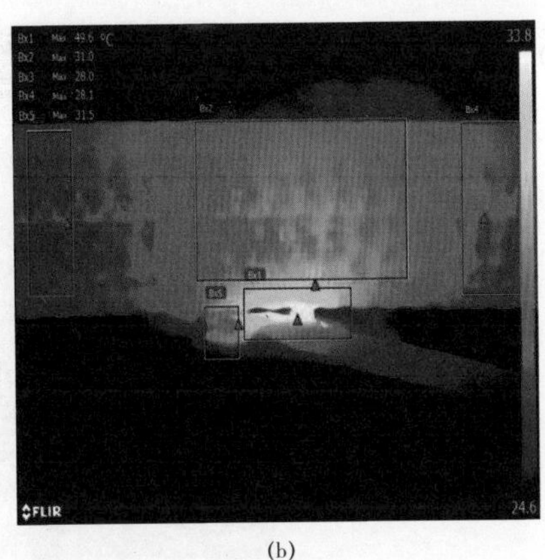

(b)

图 5-24　某变电站 2201 间隔 A 相红外检测结果

（a）现场可见光图；（b）电缆户外终端红外图

表 5-10　红外测温对比表　　单位：℃

项目名称	发热点温度	正常部分温度	温差
A 相本体	49.6	31.5	18.1

6. 接地线接触不良发热缺陷

如图 5-25 所示为 110kV GMY 线 10 号塔户外终端红外检测结果，金属护套直接接地，红外图像显示 C 相终端接地线连接处有明显发热现象。

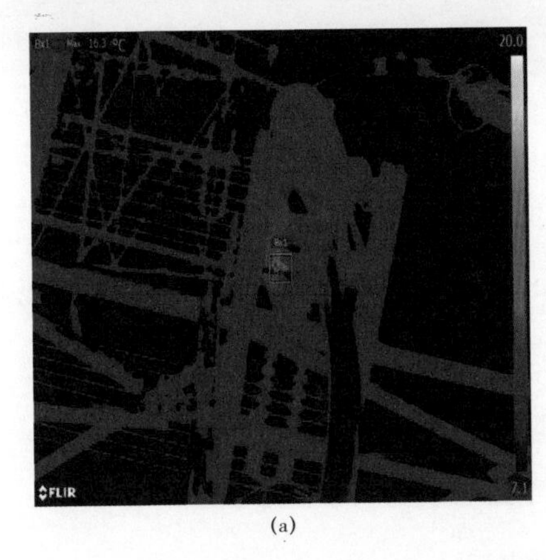

(a)

(b)

图 5-25　GMY 线 10 号塔户外终端红外检测结果（一）

（a）A 相终端红外图；（b）B 相终端红外图

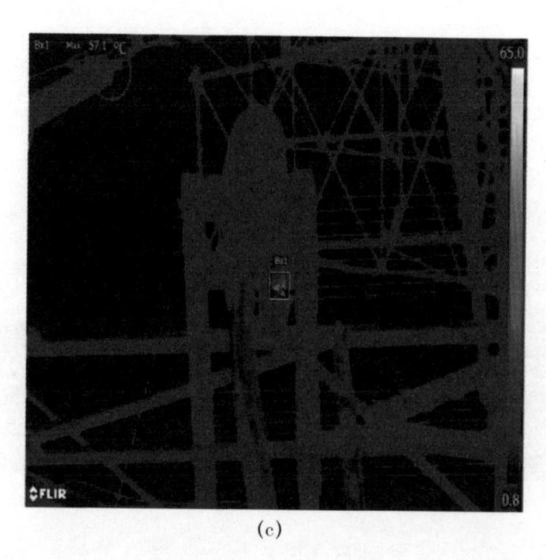

(c)

图 5–25　GMY 线 10 号塔户外终端红外检测结果（二）

（c）C 相终端红外图

如表 5–11 所示，电缆发热点比正常部分温度高 18.1℃，原因是外护套破损，造成电缆铝护套多点直接接地，回路电阻过小，环流增大引起的发热。

表 5–11　电缆户外终端红外测温对比表　　单位：℃

项目名称	A 相	B 相	C 相	AC 相间温差	BC 相间温差
螺栓温度	16.3	10.2	57.1	40.8	46.9

7. 总结分析

通过以上检测案例，总结分析发现 110kV 及以上电缆需检测内容：

1）观察电缆终端引线接头处有无明显发热。

2）观察电缆终端、避雷器从上到下是否温度分布均匀，有无局部发热。

3）电缆终端本体、避雷器相同部位，三相横向比较。

4）电缆终端尾管、接地线、保护器有无局部发热。

5）观察电缆接地箱是否存在发热现象。

6）观察电缆本体是否存在局部发热现象。

第 6 章　电力电缆护层接地电流检测典型案例

6.1　交叉互联箱换相错误缺陷

1. 线路基本情况

以 220kV LG 线为例，线路基本情况如表 6-1 所示。

表 6-1　线路基本情况

线路名称	220kV LG 线
线路形式	纯电缆线路
线路长度	6.77km
敷设方式	排管敷设
接地方式	交叉互联
投运时间	2011 年 10 月 27 日
设备型号	YJLW03-127/220kV-1 × 1200mm^2
缺陷位置	交叉互联接地系统

2. 缺陷过程描述

交流 220kV LG 线为纯电缆线路，包括两个 GIS 终端和 11 个中间接头，接地系统采用交叉互联的换位方式，如图 6-1 所示。

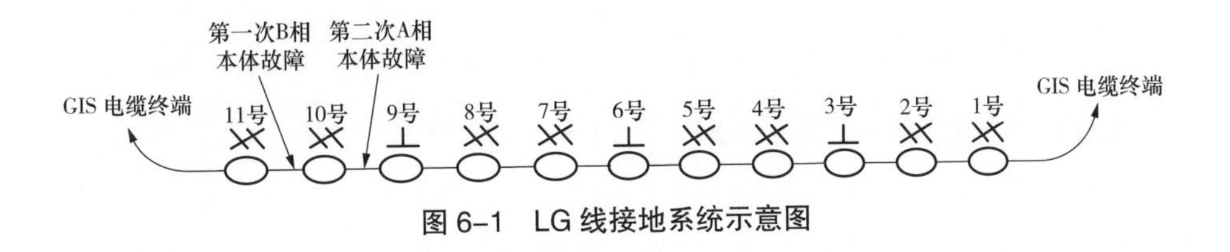

图 6-1　LG 线接地系统示意图

该线路在 2019 年 3 月左右先后出现两次本体击穿故障，均发生在 9 号接头至 GMQ 变电站之间。经研究决定将 9 号接头至 GMQ 变电站之间的 3 段 A 相电缆进行更换，并在 9、10、11 号接头处重新完成 3 只 A 相接头的制作。

在停电更换电缆前，运行人员对全线进行了一次护层接地环流测量，当时负荷电流为 110.2A。测量结果未发现异常，其中 9 号箱至 GMQ 变电站环流数据如表 6–2 所示。可以看到，9 号箱至 GMQ 变电站 GIS 终端之间是一个完整的交叉互联段，各分为三段的三相单芯电缆金属护层经同轴电缆、交叉互联箱进行交叉换位连接。在完全换位的情况下，交叉互联方式可以将金属护层环流限制在较低水平。

在完成电缆更换，线路送电后，运行人员再次对此线路进行了接地环流测量，发现 9 号箱至 GMQ 变电站之间数据异常，如表 6–3 所示，当时线路负荷电流为 108.6A。

表 6–2 电缆更换前接地环流

位置	9 号接头	10 号接头	11 号接头	GMQ 变电站 GIS 终端
接地方式	直接接地	交叉互联	交叉互联	直接接地
A（A–B）相接地电流（A）	3.3	3.2	2.3	3.7
B（B–C）相接地电流（A）	2.8	2.0	2.0	1.8
C（C–A）相接地电流（A）	2.6	2.0	2.9	2.0

表 6–3 电缆更换后接地环流

位置	9 号接头	10 号接头	11 号接头	GMQ 变电站 GIS 终端
接地方式	直接接地	交叉互联	交叉互联	直接接地
A（A–B）相接地电流（A）	6.39	6.8	87.0	92.0
B（B–C）相接地电流（A）	7.0	8.3	7.3	96.1
C（C–A）相接地电流（A）	95.2	83.9	4.3	5.0

从测量结果看，单相接地电流最大值 / 最小值 87/4.3=20.23，且接地电流与负荷比值 96.1/108.6=88.49%，按照《电力电缆及通道运维规程》(Q/GDW 1512—2014) 和《高压电缆状态检测技术规范》(Q/GDW 11223—2014) 规定，单相接地电流最大值与最小值的比值超过 5，或接地电流与负荷比值> 50% 时，判定为缺陷，应停电检查处理。

3. 检测数据分析

为了分析缺陷产生的原因，9 号箱至 GMQ 变电站 GIS 终端之间接地系统的正确交叉互联接线方式模型如图 6-2 所示，并将环流检测数据标注在上面。

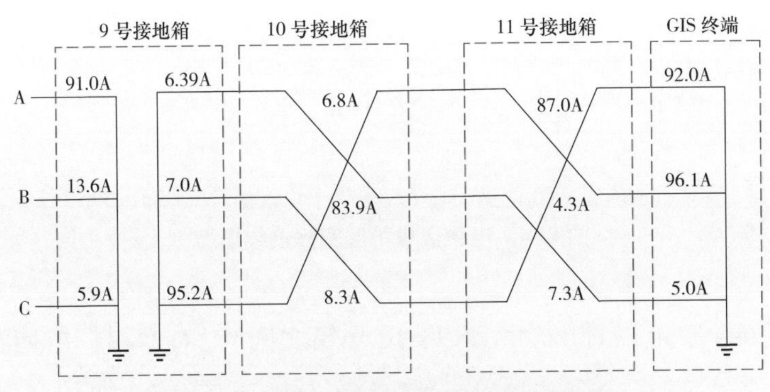

图 6-2　电缆交叉互联正确接线方式模型

将现场环流检测结果明显偏大的线段截取出来，得到如图 6-3 所示。

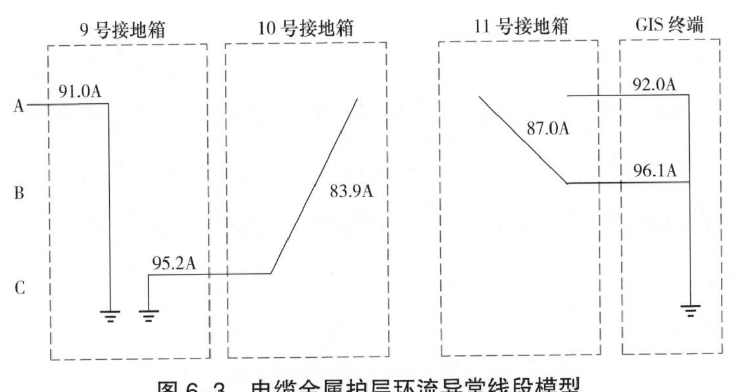

图 6-3　电缆金属护层环流异常线段模型

由于线路送电前，外护套绝缘已测试合格，且10、11号接地箱内交叉互联接线方式统一，与更换A相电缆之前完全相同，所以最大可能是A相接头处的接地线连接错误。结合环流异常线段分布情况，初步判断出9、10、11号接地箱的A相同轴接地电缆的线芯、屏蔽方向接反，造成接地系统的实际接线方式如图6–4所示。

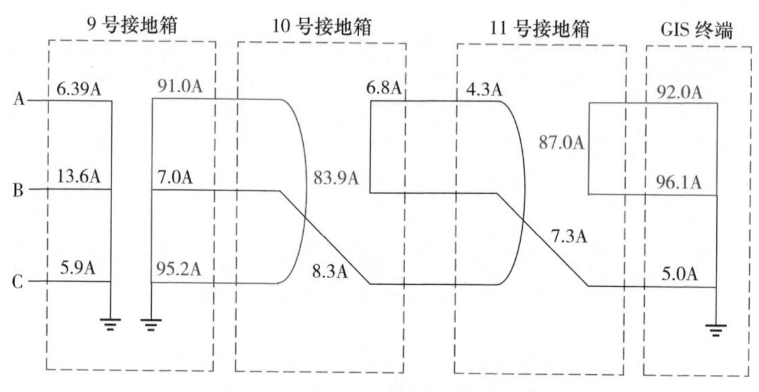

图6–4　电缆金属护层实际接线模型

从图6–4中可以看出，由于9、10号箱之间A、C两相护层两端短接，10、11号箱之间A、B两相护层两端短接，分别并联构成了低阻回路，从而导致内部环流异常升高，最高达到96.1A；而其他线段依次串联，并与大地形成回路，虽然也出现接线错误，但回路电阻较大，环流只是比正常接线情况下略微增大，最高8.3A。

4. 缺陷验证

为了对理论分析进行验证，在未停电处理之前，采用带电选线仪在现场进行带电确认。分别在10号箱C–A相连接铜排、11号箱A–B相连接铜排上通过耦合方式输入信号，然后在9号接地箱至GMQ变电站GIS终端之间的各段电缆本体上接收信号，如图6–5所示。

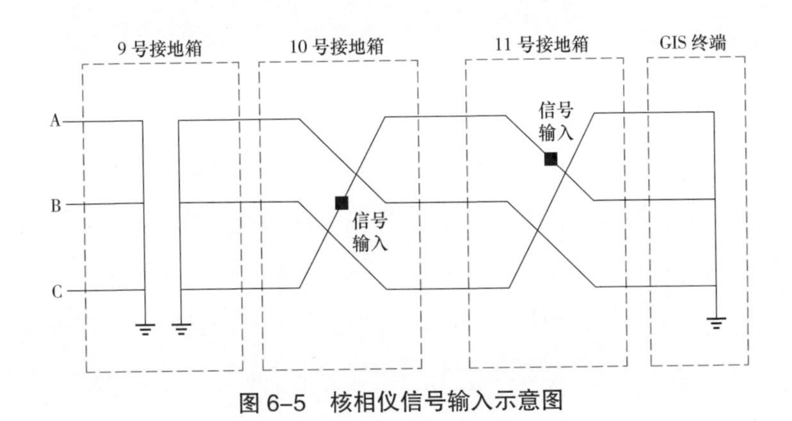

图 6-5　核相仪信号输入示意图

现场测试发现，在 10~11 号接地箱之间的电缆本体上，接收不到信号，如图 6-6 所示。证明初步判断的 9、10、11 号接地箱的 A 相同轴接地电缆接反的结论是正确的。

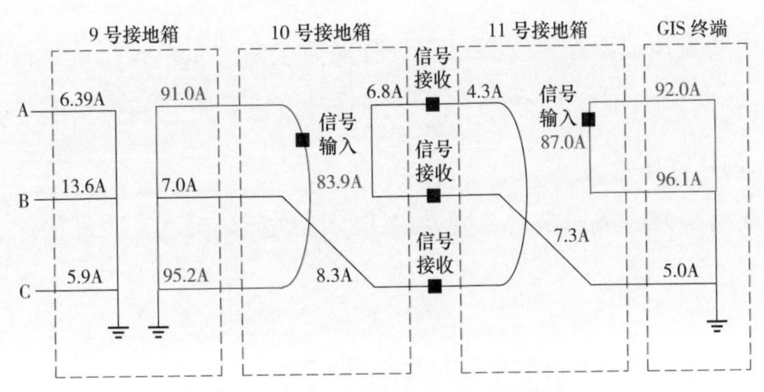

图 6-6　现场带电测试结果示意图

在之后的停电处理时，工作人员对 9 号箱至 GMQ 变电站 GIS 终端之间的整个交叉互联接地系统进行了相位核对，测试结果证明了 A 相同轴接地电缆线芯、屏蔽接反的推断是完全正确的。

于是对同轴电缆进行重新接线处理，恢复了正确连接方式。送电后再次测量接地环流，数据恢复正常。

5. 缺陷原因分析

1）通过模型理论分析与现场验证，可以得出：本次 220kV LG 线接地环流异常是由于同轴电缆线芯、屏蔽接反造成的。同轴电缆线芯本应该与电源侧 LQD 变电站方向的金属护层相连，屏蔽应该与负荷侧 GMQ 变电站方向的金属护层相连。

2）附件厂家人员在制作中间接头过程中方向判断错误，导致线芯屏蔽接反。由于本次施工只涉及 A 相电缆的更换，所以施工人员在检修完成之后虽然对 A 相电缆进行了绝缘电阻测试，却没有对整个接地系统的相位进行核对，导致未能在送电前发现施工错误。

6. 反事故措施

1）在附件安装过程中，一定要明确同轴电缆线芯、屏蔽方向，做好相应标记，避免接反。

2）线路投运前要按照交接试验规程对整个接地系统进行认真核对：一是要关注外护套绝缘电阻是否合格，二是要对接地系统尤其是交叉互联系统的接线方式进行逐段核对。

3）线路检修完成送电后，要及时进行接地环流检测，验证接地系统的有效性。

6.2 GIS 终端选型错误缺陷

1. 线路基本情况

线路基本情况如表 6–4 所示。

表 6–4 线路基本情况

线路名称	220kV LQD 站内联络电缆
线路形式	220kV 变压器与 GIS 联络电缆
电缆长度	75m

续表

敷设方式	电缆夹层敷设
接地方式	变压器侧直接接地、GIS 侧保护接地
投运时间	2019 年 4 月 19 日
设备型号	ZC-YJLW03-Z-64/1101 × 1600mm^2
缺陷位置	GIS 终端

2. 缺陷过程描述

2020 年 11 月 23 日，在对 220kV LQD 站内电缆进行带电检测工作时，发现 LQD 站内 110kV 联络电缆（3 号变压器—103 间隔、4 号变压器—104 间隔）接地电流异常，其中 4 号变压器 B 相电流绝对值达 40.4A，A、C 两相电流值分别为 32.6、36.4A，3 号变压器 A、B、C 相电流值均超过了 30A，分别为 34、33.7、36.5A，负荷比超过 50%。

3. 检测数据分析

LQD 站内 110kV 联络电缆接地电流检测结果如表 6-5 所示。变压器侧接地方式如图 6-7 所示，GIS 侧接地方式如图 6-8 所示。

表 6-5　LQD 站内 110kV 联络电缆接地电流检测结果

检测位置	接地方式	A 相	B 相	C 相	负荷比	三相不平衡系数
4 号主变压器 110kV	直接接地	32.6	40.4	36.4	57.5%	1.24
3 号主变压器 110kV	直接接地	34	33.7	36.5	72.6%	1.08
103 间隔	保护接地	0.0005	0.0026	0.0002		13
104 间隔	保护接地	0.0031	0.0036	0.0015		2.4

《高压电缆状态检测技术规范》（Q/GDW 11223—2014）规定，满足下面任何一项条件时：①接地电流绝对值＞ 100A；②接地电流与负荷比值＞ 50%；③单相接地电流最大值 / 最小值＞ 5，判断为缺陷，应停电检查。因此

图 6-7　变压器侧直接接地

图 6-8　GIS 侧保护接地

可判断 LQD 站 110kV 联络电缆接地系统存在异常。

发现异常后，检测人员进一步排查接地电流异常原因。在排查过程中发现 103、104 间隔共 6 只 GIS 终端尾管处均存在一根金属编织线，金属编织线一段连接金属尾管，另一段联系金属法兰盘，如图 6-9 所示。检测流经此金属编织线电流，如图 6-10 所示。发现金属编织线上流经电流数据较大，103、104 间隔相同位置的 6 条金属编织线的电流数值均超过了 30A，检测数值如表 6-6 所示，经比较发现变压器侧地线的接地电流数值与相对于金属编织线的电流数值基本一致，推测此金属编织线为联络电缆接地系统提供的额外的接地点，从而导致接地电流异常。

图 6-9　GIS 尾管处金属编织线

图 6-10　GIS 尾管处金属编织线流经电流检测

表 6-6　LQD 站内 110kV 联络电缆 GIS 终端尾管金属编织线流经电流检测结果

单位：A

检测位置	A 相	B 相	C 相
103 间隔	31.9	39.8	35.7
104 间隔	34	32.7	36.1

4. 停电检查及处缺

2020 年 12 月 20 日，对 3 号变压器 103 间隔电缆进行停电检查，作业人员拆除尾管处封堵，确认了尾管地线的连接位置，如图 6-11 所示，证实了金属编织线导致接地系统多点接地。拆除此金属连接线，恢复送电后接地电流恢复正常。2020 年 12 月 22 日，对 4 号变压器 104 间隔电缆采取了相同的方法进行处理，处理后接地电流恢复正常。

图 6-11　地线与金属尾管连接

5. 反事故措施

强化站内电缆验收标准，认真核查站内电缆接地方式，避免出现两端接地的错误方式。

6.3　35kV 联络电缆接地系统缺陷

1. 线路基本情况

线路基本情况如表 6-7 所示。

表 6-7　线路基本情况

线路名称	220kV BLT 站内联络电缆
线路形式	220kV 变压器与 35kV 开关柜联络电缆
电缆长度	60m
敷设方式	电缆夹层敷设
接地方式	变压器侧保护接地、开关柜侧直接接地
投运时间	2012 年 7 月 20 日
设备型号	YJLW02-35
缺陷位置	变压器侧电缆终端

2. 缺陷过程描述

2019 年 3 月 21 日，在对 220kV BTL 站电缆进行带电检测工作时发现 35kV 受总电缆 3011、3012、3021、3022、3031、3032 存在接地电流异常，开关柜侧接地电流负荷比均超过 20%，负荷比最大达 77.92%，接地电流最大值超过 90A。2019 年 3 月 25 日，对上述异常接地电流进行复测，并逐一打开 9 个电缆接地箱进行接地方式确认，检查电缆外护套是否存在外皮破损等，最终确认为接地方式错误导致的接地电流异常。

3. 检测数据分析

BLT 站内 35kV 联络电缆开关柜侧接地电流检测结果如表 6-8 所示，变压器侧接地电流检测结果如表 6-9 所示。变压器侧保护接地方式如图 6-12 所示，开关柜侧直接接地方式如图 6-13 所示。

表 6-8　BLT 站内 35kV 联络电缆开关柜侧接地电流检测结果

检测位置	相别	环流数据（A）	负荷电流（A）	负荷比	三相不平衡系数	接地方式
3011	A	53.9	117.3	45.95%	1.75	直接接地
	B	91.4		77.92%		
	C	52.2		44.50%		

续表

检测位置	相别	环流数据（A）	负荷电流（A）	负荷比	三相不平衡系数	接地方式
3012	A	53.8	228.6	23.53%	1.71	直接接地
	B	91.5		40.03%		
	C	53.5		23.40%		
3021	A	16.4	112.9	14.53%	2.38	直接接地
	B	39.0		34.54%		
	C	22.5		19.93%		
3022	A	17.3	120.2	14.39%	2.30	直接接地
	B	39.8		33.11%		
	C	23.6		19.63%		
3031	A	46.7	266.1	17.55%	1.43	直接接地
	B	59.1		22.21%		
	C	41.4		15.56%		
3032	A	47.0	125.3	37.51%	1.42	直接接地
	B	60.2		48.04%		
	C	42.4		33.84%		

表 6–9　BLT 站内 35kV 联络电缆变压器侧接地电流检测结果

检测位置	相别	环流数据（A）	负荷电流（A）	负荷比	三相不平衡系数	接地方式
1 号变压器	A	0.010	345.9	0.003%	1.38	保护接地
	B	0.008		0.002%		
	C	0.011		0.003%		
2 号变压器	A	0.005	233.1	0.002%	1.25	保护接地
	B	0.005		0.002%		
	C	0.004		0.002%		
3 号变压器	A	0.006	391.4	0.002%	1.00	保护接地
	B	0.006		0.002%		
	C	0.006		0.002%		

图 6-12　变压器侧保护接地

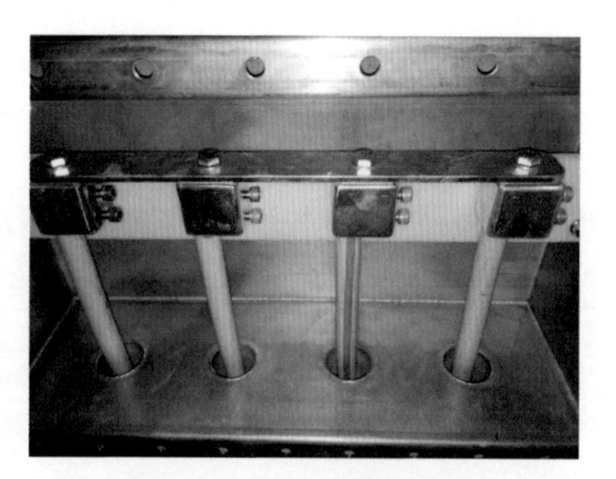

图 6-13　开关柜侧直接接地

《高压电缆状态检测技术规范》（Q/GDW 11223—2014）中的诊断依据规定如下：

1）满足下面任何一项条件时：① 50A ≤接地电流绝对值≤ 100A；② 20% ≤接地电流与负荷比值≤ 50%；③ 3 ≤单相接地电流最大值 / 最小值≤ 5，判断为注意，应加强监测，适当缩短检测周期。

2）满足下面任何一项条件时：①接地电流绝对值> 100A；②接地电流与负荷比值> 50%；③单相接地电流最大值 / 最小值> 5，判断为缺陷，应停电检查。

将检测数据与诊断依据比对可知，220kV BLT 站全部 35kV 联络电缆接地电流均为异常，发现异常后检测人员进一步排查接地电流异常原因。经检查发现，开关柜侧每一相布置有 4 根电缆，单相 4 根电缆的金属护套经金属编织带引出后均与接地线连接，接地线通过接地箱直接接地，如图 6-14 所示。

而联络电缆变压器侧每一相布置 8 根电缆，每 4 根电缆连接一个开关柜。单相 8 根电缆金属护套经金属编织线引出后均与接地线连接，接地线在接地箱中经护层保护器接地，如图 6-15 所示。

因 BLT 站联络电缆接地方式相同，因此以 1 号主变压器 35kV 侧 A 相电缆为例，说明接地电流异常的原因。1 号主变压器 35kV 侧 A 相电缆金属护套接地方式示意图如图 6-16 所示。

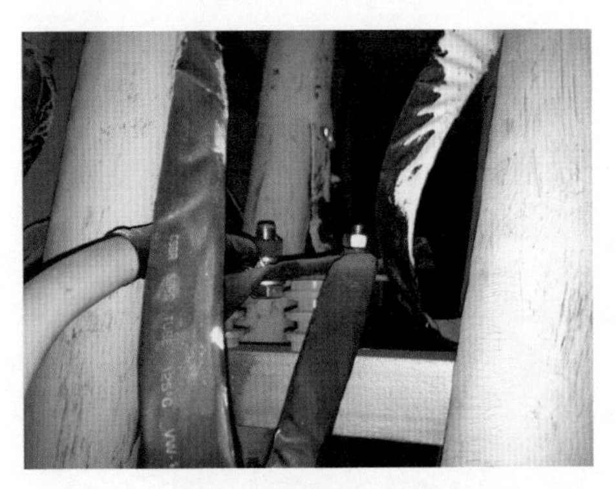

图 6-14 开关柜侧单相 4 根电缆护套金属编织线与接地线连接

图 6-15 变压器侧单相 8 根电缆护套金属编织线与接地线连接

图 6-16 1 号主变 35kV 侧 A 相电缆金属护套接地方式示意图

在此接地方式下，联络电缆变压器侧 A 相电缆金属护套经保护器接地，在正常运行方式下可视为其开路。因 3011 和 3012 联络电缆的负荷不同（3011 联络电缆负荷 117.3A、3012 联络电缆 228.6A），从而 3011 和 3012 受总电缆金属护套上的感应电动势也不同。在图 6-17 中红线所示的回路中，感应电动势为 3011 和 3012 受总电缆金属护层上的感应电动势之和，其值不为 0。又因 3011 和 3012 受总电缆开关柜侧金属护层直接接地，因此会产生较大的接地电流。

图 6-17 环流回路示意图

4. 缺陷原因分析及处理

220kV BLT 站 35kV 联络电缆接地电流异常，原因是联络电缆主变压器侧同相 8 根电缆金属护层连接后共用接地箱、保护器。随后对该站变压器申请停电，将共用保护器进行拆分，保证每相每根接地线单独使用一个保护器。

5. 反事故措施

加强站内电缆验收把关，尤其注意 35kV 单芯联络电缆的接地方式，避免 35kV 单芯电缆出现双端接地错误方式。

第 7 章　电力电缆局部放电检测典型案例

7.1　电缆 GIS 终端缺油缺陷

1. 线路基本情况

线路基本情况如表 7–1 所示。

表 7–1　线路基本情况

线路名称	220kV HHD 站内联络电缆
线路形式	220kV 变压器与 GIS 之间一段联络电缆
线路长度	60m
敷设方式	电缆夹层敷设
接地方式	变压器侧直接接地，GIS 侧保护器接地
投运时间	2014 年 2 月 15 日
设备型号	YJLW03–Z–127/220kV–1 × 1600mm^2
缺陷位置	GIS 终端

2. 缺陷过程描述

2016 年 11 月 11 日，检测人员进行例行高频局放检测时，在 HHD 变电站 2 号主变压器 220kV 侧受总电缆 C 相 GIS 终端处测得异常局放信号，其图谱如表 7–2 所示。放电信号的相位有 180° 工频相关性，正半周的放电脉冲数大于负半周的放电脉冲数，T–F map 呈横线状，时域波形呈典型震荡衰减特征。以上特征表明其为内部放电或沿面放电，且放电源距离检测点较近，电缆终端放电的可能性较大。

11 月 14 日，检测人员对该终端进行复测，综合应用高频局放、超声波和特高频局放等检测手段，最终精准定位缺陷位置为电缆 GIS 终端处，并进行停电处理。

表 7–2 GIS 侧 C 相高频检测图谱

GIS 侧 C 相	Partial Discharge Pattern（Amplitude（V）– Phase（Deg））	Classification Map（Equivalent Timelength（ns）– Equivalent Frequency（MHz））
	Waveform（Amplitude（V）– Time（s））	

3. 检测数据分析

（1）高频数据分析

本案例检测对象是变压器与 GIS 之间的联络电缆，电压等级为 220kV，长度为 60m。该段电缆没有中间接头，两端均为充油套管终端，应力锥采用硅橡胶绝缘，外层为环氧树脂套筒，GIS 电缆终端结构如图 7–1 所示。

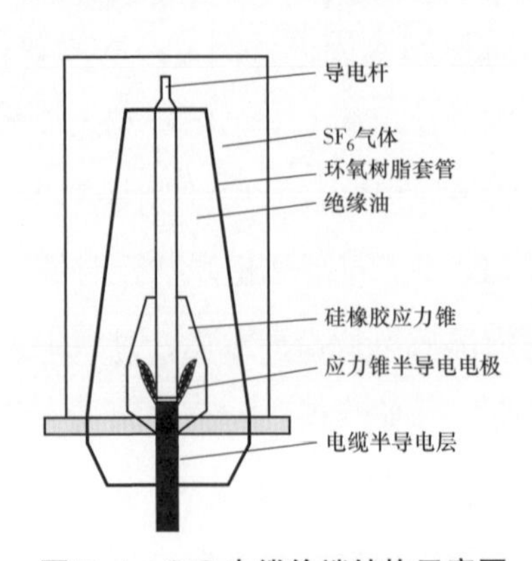

图 7–1 GIS 电缆终端结构示意图

联络电缆接地方式如图 7-2 所示，变压器侧直接接地，GIS 侧保护接地。GIS 侧和变压器侧 A、B、C 三相的高频检测图谱如表 7-3 所示。

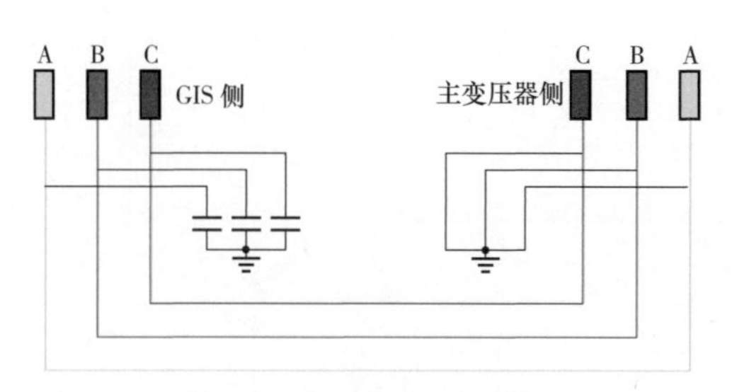

图 7-2　联络接地方式图

表 7-3　高频检测图谱

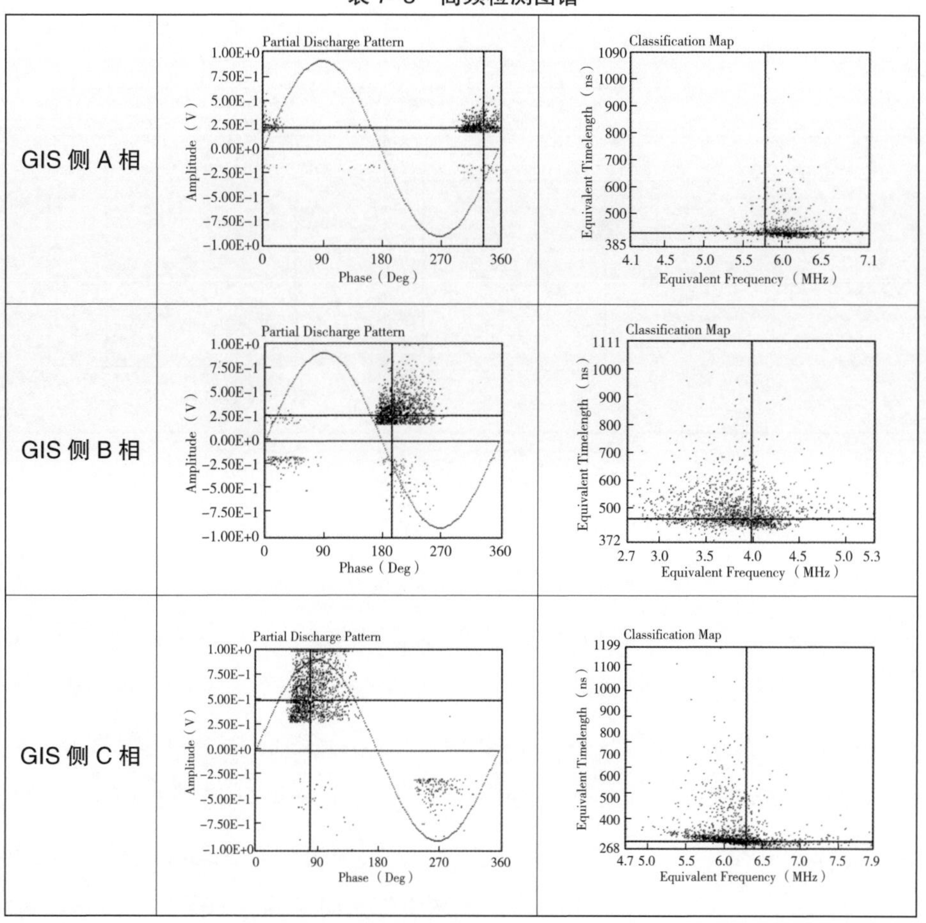

续表

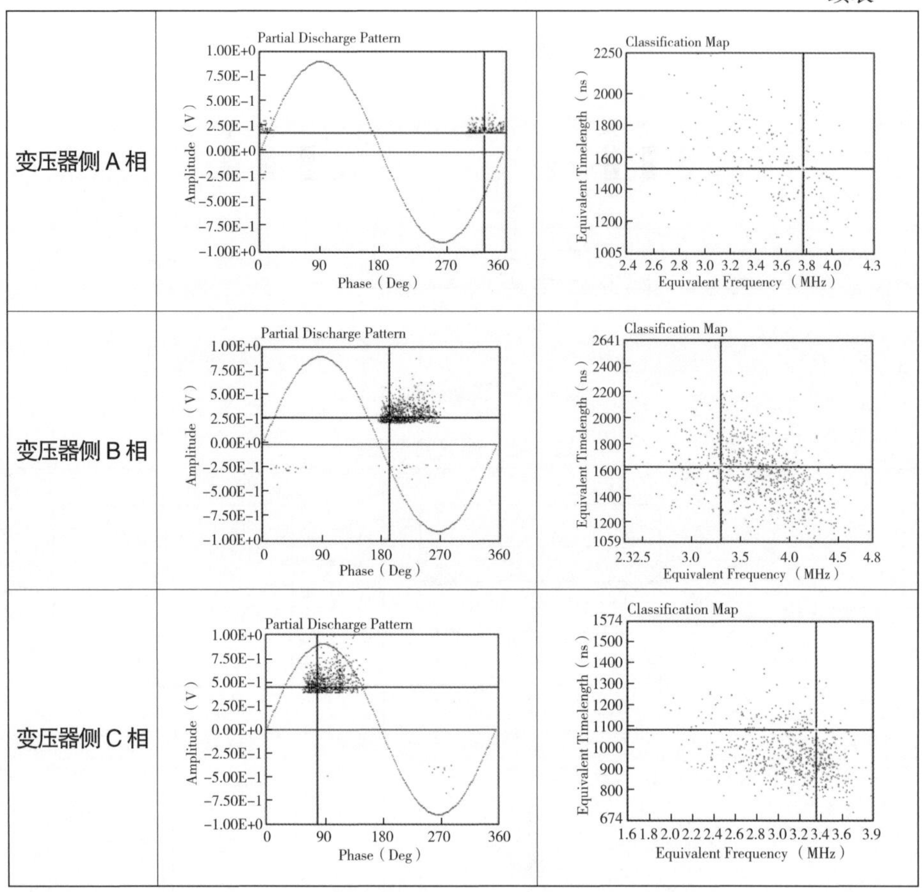

首先分析 GIS 侧三相高频检测图谱。从相位图谱上分析，三相均存在一簇相似放电信号，且每簇信号相位互差 120°，C 相的相位极性与 A 相和 B 相相反。表明 A、B、C 三相检测到的高频信号同源，且该信号来源于 C 相，通过接地线传播至其他两相的接地线上。从等效频率上分析，C 相频率集中在 5.5~6.5MHz，A 相频率集中在 5.5~6.5MHz，B 相频率集中在 3.0~4.5MHz，A、C 两相频率较集中，B 相频率已发散，表明放电信号在传播到 B 相时频率发生了衰减，排除信号来源于 B 相的可能。采用高速示波器进行检测，C 相的第一个波头向上，而 A、B 相的第一个波头都是向下的，如图 7-3 所示（黄、

绿、红依次代表 A、B、C 三相），表明放电信号源自 C 相。

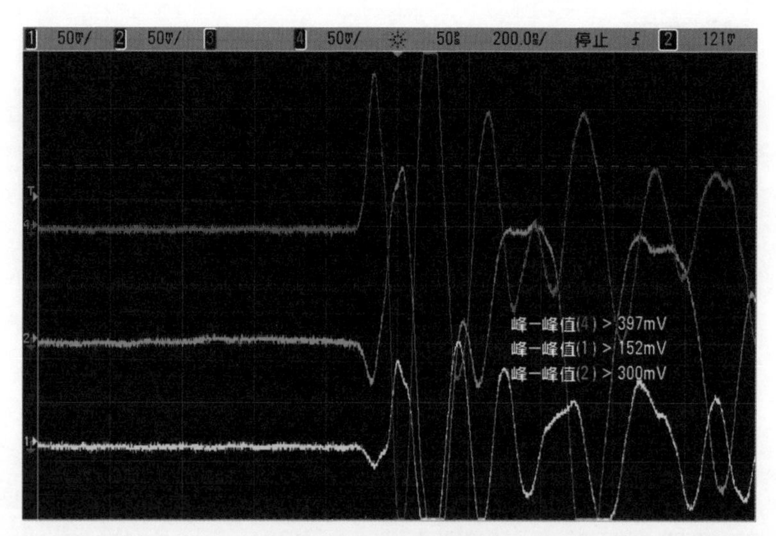

图 7-3 高频对比图谱

接着分析变压器侧 A、B、C 三相的高频检测图谱，从相位图谱上分析，与 GIS 侧三相的特征相似，表明信号源自 C 相，从频率上分析，C 相频率在 2.5~3.6MHz，A 相频率在 2.8~4.0MHz，B 相频率在 2.6~4.2MHz，A、B、C 三相都已发散，无法进行直接判断。从波形上分析，变压器侧与 GIS 侧三相的特征相似，表明信号来自 C 相。

最后对比 GIS 侧和变压器侧 C 相的高频检测图谱，GIS 侧的放电幅值更大，等效频率更加集中，时域波形畸变更小。所以最终确定信号来源于 GIS 侧 C 相电缆终端。

（2）超声波检测

采用 AIA-2 进行超声波检测，选取 40 倍放大倍率，在环氧树脂套筒底部超声最明显，如图 7-4 所示。

在连续模式下，该信号最大峰值 16mV，50Hz 相关性及 100Hz 相关性明显，且 100Hz 相关性大于 50Hz 相关性。戴上耳机可以听到明显“嗡嗡”的放电声音。

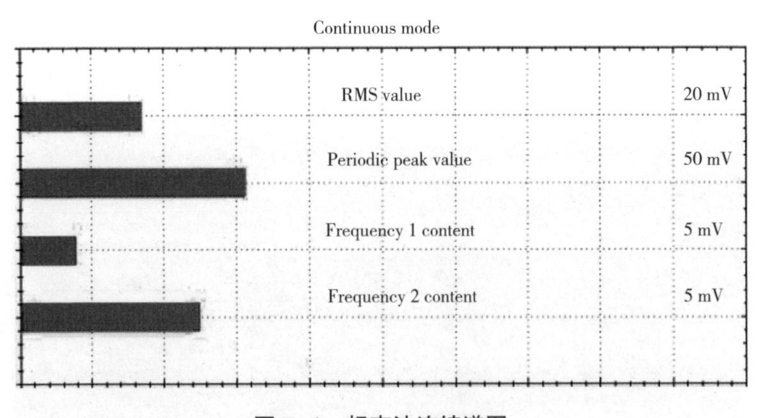

图 7-4 超声波连续谱图

（3）特高频检测

采用莫克特高频检测仪进行特高频检测，检测位置在环氧树脂套筒底部，检测谱图如图 7-5 所示。一个工频周期内正负半周均有信号，正半周放电脉冲数多于负半周放电脉冲数，符合绝缘类放电特征。

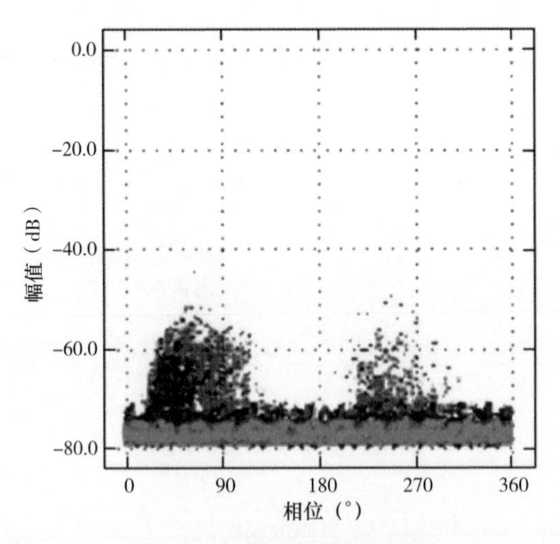

图 7-5 特高频 PRPD 谱图

（4）特高频时延分析

利用特高频两点时延的方法进行定位。一个传感器布置在 C 相电缆终端根部环氧树脂附近，另一个传感器布置在隔离开关处的环氧树脂盆附近，两个传感器相距 4.15m，如图 7–6 所示。

图 7–6　传感器安装示意图

高速示波器采集到的两传感器检测到的放电信号如图 7–7 所示，统计平均值得到时差为 10.5ns，特高频的传播速度为 30cm/ns，确定放电点在电缆底部法兰上方 0.4~0.6m 之间。

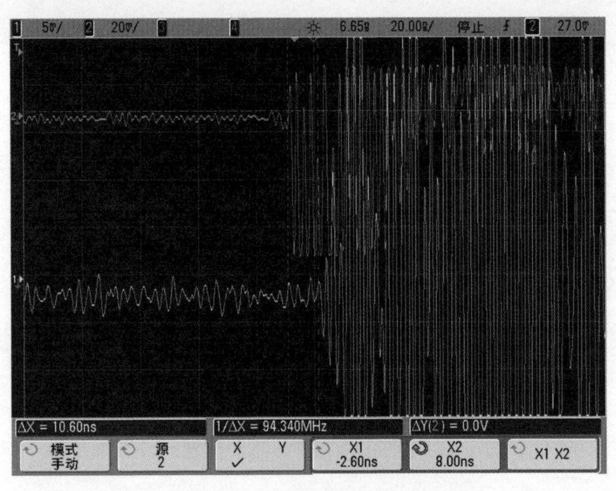

图 7–7　特高频信号时延图

4. 缺陷解体验证

结合高频、超声、特高频及时延定位等检测结果，确定放电信号来自 GIS 侧 C 相电缆终端，且放电现象明显，需立即停电解体。

解体检查发现在应力锥上部存在明显的放电灼烧痕迹。如图 7–8 所示，经测定在法兰上部 0.6~0.8m，与特高频定位结果吻合。

图 7–8　电缆终端解体图

5. 缺陷原因分析

1）产生局放的原因是终端缺油导致的场强过于集中。

2）缺油的原因是注油没有达到规定的标准，或金属护套存在砂眼导致渗油。

6. 反事故措施

站内联络电缆必须进行全面的状态检测，建议将高频检测和接地电流检测作为普测手段，特高频和超声波作为复测及精准定位的手段。

7.2 电缆 GIS 终端应力锥裂痕缺陷案例

1. 线路基本情况

以 220kV CY 站内联络电缆为例，线路基本情况如表 7–4 所示。

表 7–4　线路基本情况

线路名称	220kV CY 站内联络电缆
线路形式	220kV 变压器与 GIS 联络电缆
线路长度	60m
投运时间	2008 年 7 月 15 日
接地方式	一端直接接地，另一端保护器接地
缺陷位置	A 相 GIS 电缆终端

2. 缺陷过程描述

2016 年 12 月 6 日，检测人员对 220kV CY 站开展 GIS 设备带电检测，发现 A 相 GIS 电缆终端存在高频、特高频局放异常信号，如图 7–9 所示。随后利用特高频局放检测设备及示波器进行时差定位，判断电缆终端存在局放信号。

图 7–9　被检测设备照片

2017 年 1 月 4 日，对该电缆终端进行停电检查，发现 A 相电缆终端应力锥内表面存在 7cm 长的裂纹，从而引发局放。

3. 检测数据分析

（1）高频数据分析

2202 间隔 GIS 终端三相的高频检测图谱如表 7–5 所示。三相相位谱图均有明显工频相位分布特性，且分布范围一致，频率范围基本相同，A 相在 5MHz 左右，B、C 相在 5.5MHz 左右，由于工频参考相位均取自 A 相，从而能够判断三相信号为同源信号。由于 A 相相位谱图及时域波形与其他两相上下相反，由此可以判断，此信号来源于 A 相。同时相位图谱大多处于一、三象限，正负半周均有放电，且具有对称性，符合绝缘性质缺陷的放电特征。

表 7–5 高频检测图谱

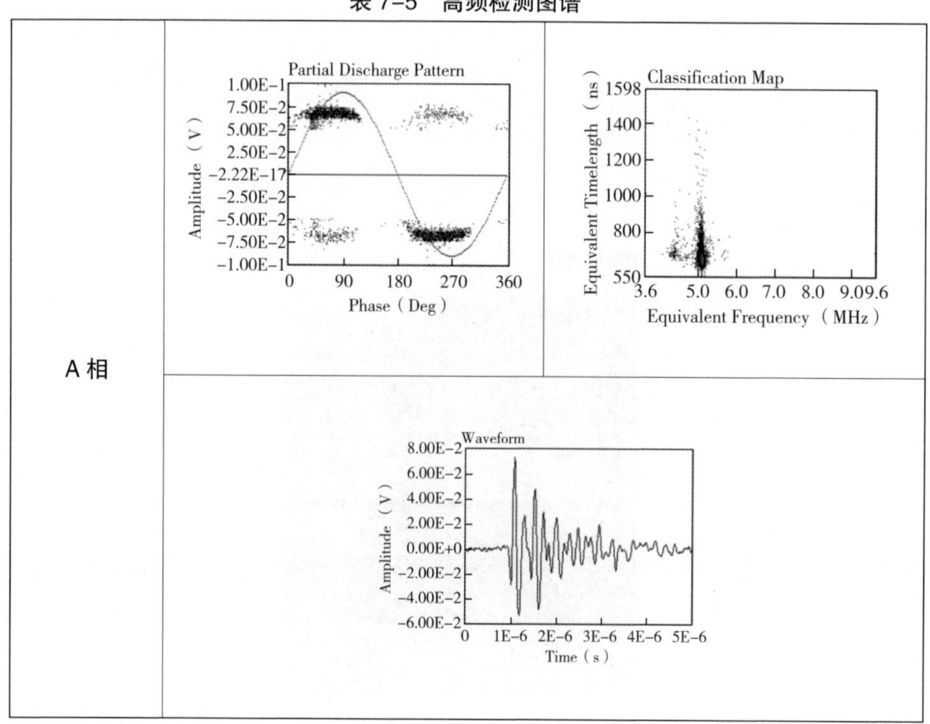

续表

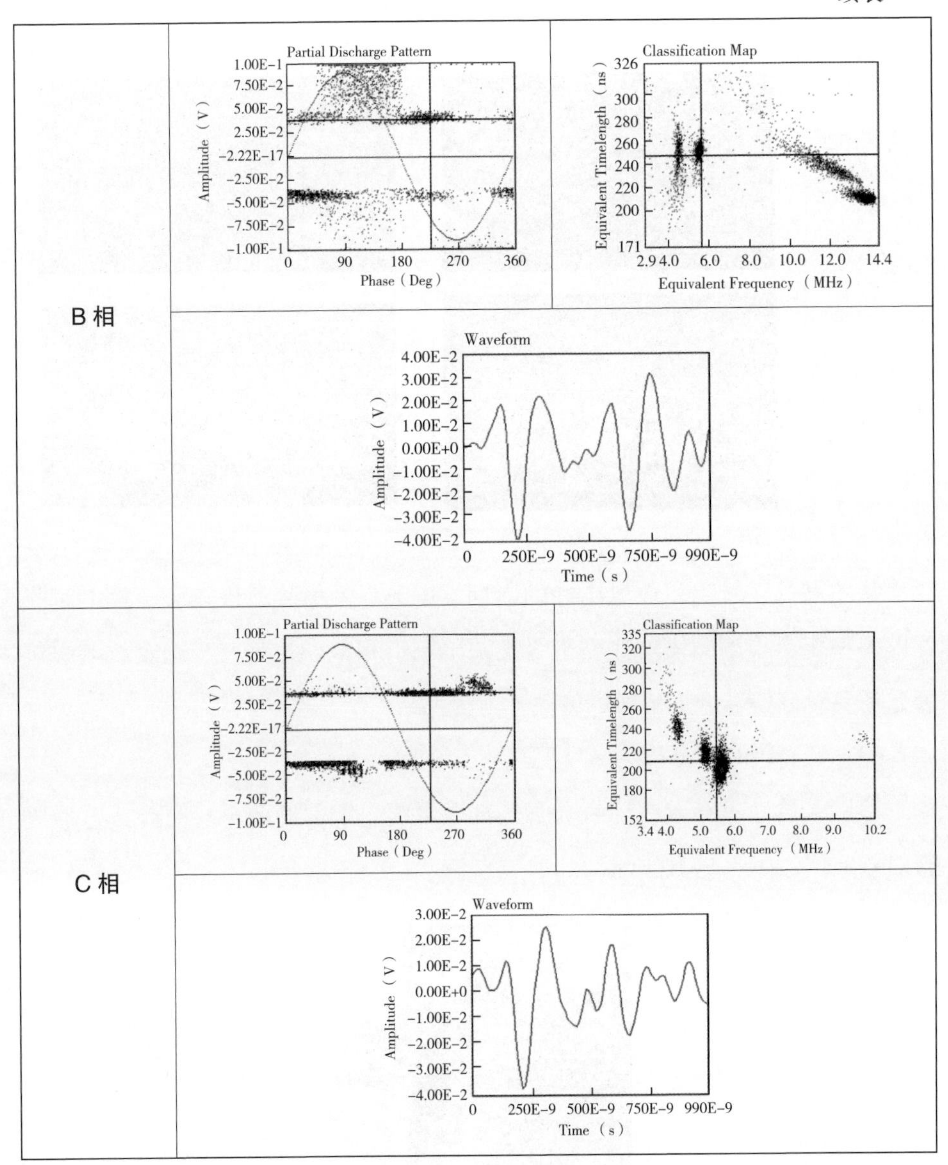

（2）特高频检测

特高频局放检测发现，该间隔 A 相电缆终端环氧套管底部及电缆仓上部均能测得异常信号，上部信号相对较强，检测图谱如表 7-6 所示。

表 7-6 特高频检测图谱

部位	PRPS	PRPD
A 相电缆终端环氧套管底部	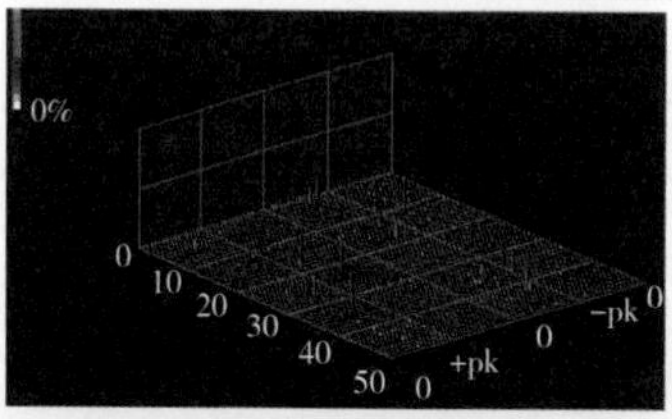	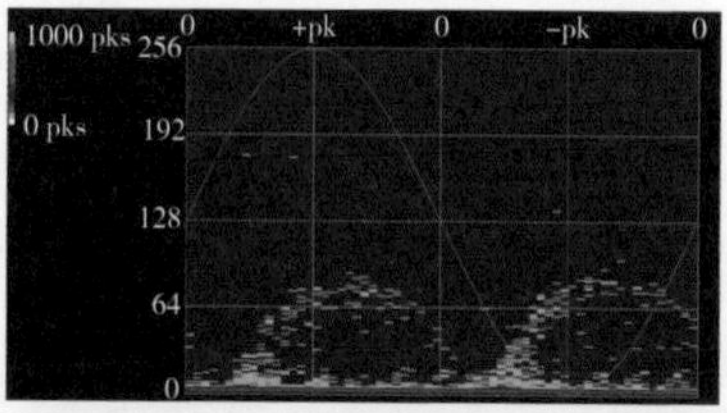
A 相电缆仓上方转接头处	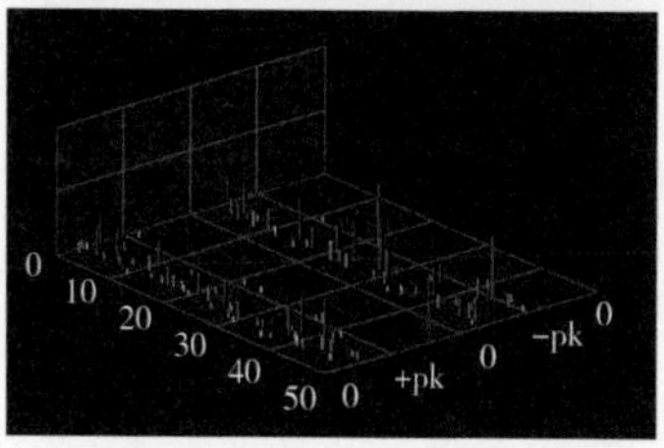	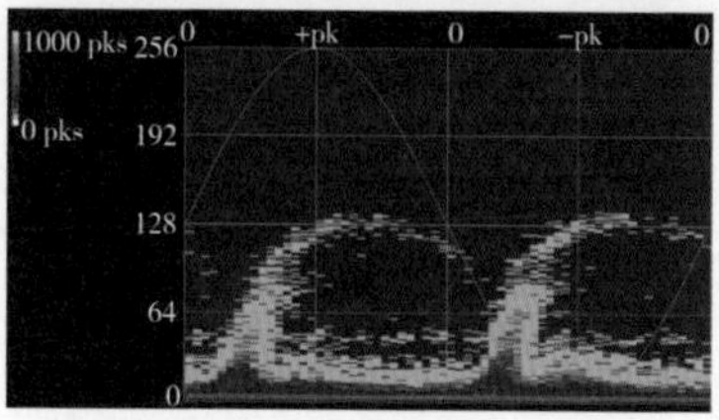

从图谱可以看出，放电脉冲的周期性明显、幅值分散性较大、放电时间间隔不稳定，检测图谱与典型绝缘类缺陷图谱相似。为进一步确定放电源位置，需要对该信号进行精确定位。

（3）特高频时延分析

检测人员通过布置在环氧套管底部及电缆仓上部的两个特高频传感器进行时差定位，如图 7-10 所示。

图 7-10 传感器布置图

通过多次定位，对比发现下方传感器（绿色）波形始终超前于上方传感器（紫色）波形，两者时差为640ps~1.56ns，黄色通道为环境背景噪声，如图7-11所示。计算得出放电源位于A相电缆舱底部法兰上方0.3~0.7m之间的区域，而且因为是绝缘性放电，对终端危险性较大，需要尽快检查处理。

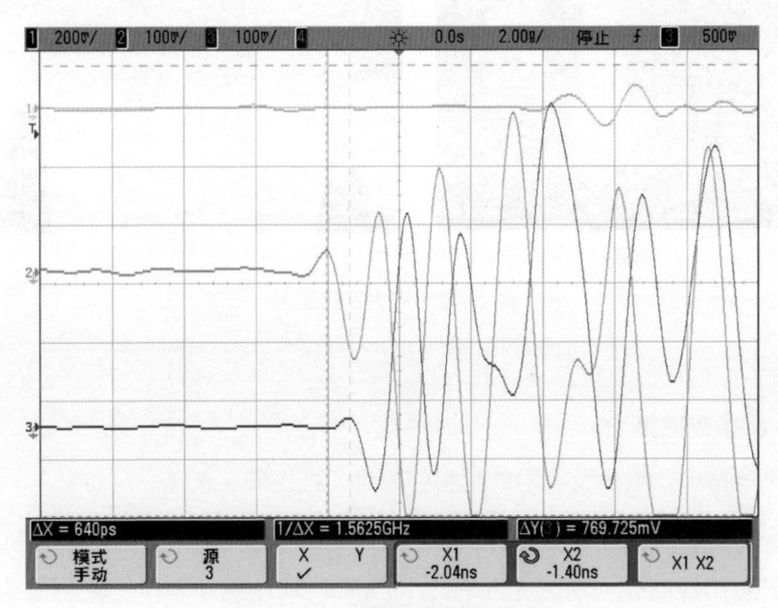

图7-11 特高频时延定位波形

4. 缺陷解体验证

2017年1月4日，对该间隔进行解体检查，将A相电缆终端从电缆仓下端抽出，并把应力锥纵向剖开，如图7-12所示，发现应力锥内表面存在7cm长的裂纹，距离应力锥上端6~13cm，且主绝缘对应位置存在放电痕迹，与前期检测结果吻合。裂纹的产生可能是由于应力锥材料本身质量原因在长期运行过程中开裂或是在安装时的损伤。

(a)

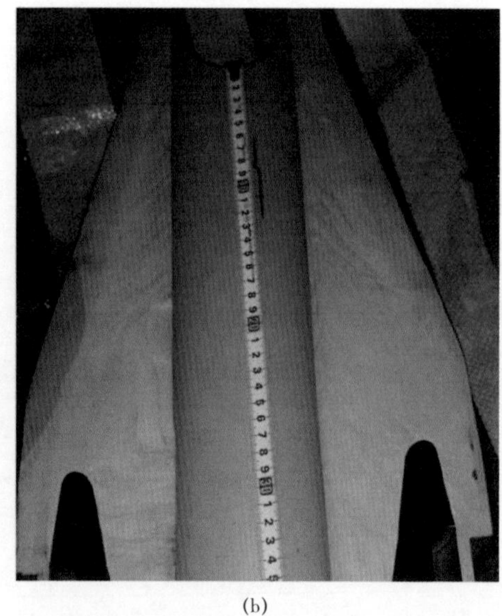
(b)

图 7-12 应力锥解剖图

（a）应力锥外表面无异常；（b）应力锥内部面发现裂痕

5. 反事故措施

1）严格检查电缆及其附件材料的质量，把控安装工艺。

2）综合利用多种带电检测方式，提高缺陷检出率。

3）利用特高频与时差定位技术，判断缺陷性质并定位，制订对应检修策略。

7.3 电缆户外终端应力锥缺陷

1. 线路基本情况

以 220kV JWY 线为例，线路基本情况如表 7-7 所示。

表 7-7 线路基本情况

线路名称	220kV JWY 线（53~54 号塔）
线路形式	电缆

续表

线路长度	6.208km
投运时间	2011年9月18日
接地方式	53号塔直接接地
缺陷位置	A相电缆终端

2. 缺陷过程描述

2021年4月7日，检测人员对220kV JWY线进行带电检测，发现53号终端塔A相终端存在疑似局放信号。2021年4月8日晚对其进行夜间红外精确测温，未发现明显异常。2021年4月9日进行复测，疑似放电信号依然存在，并对邻近的1~3号接地箱进行局放检测，判断疑似信号来源于53号塔。4月13日再次进行复测，通过在不同位置安装传感器比较检测结果，最终确认信号来源于53号塔A相终端。

3. 检测数据分析

（1）电缆终端高频数据分析

2021年4月7日首次对JWY线进行高频局部放电检测，传感器安装位置如图7-13所示，三相检测数据如表7-8所示。

图7-13 传感器安装位置

表 7-8　首次检测 A、B、C 三相的数据

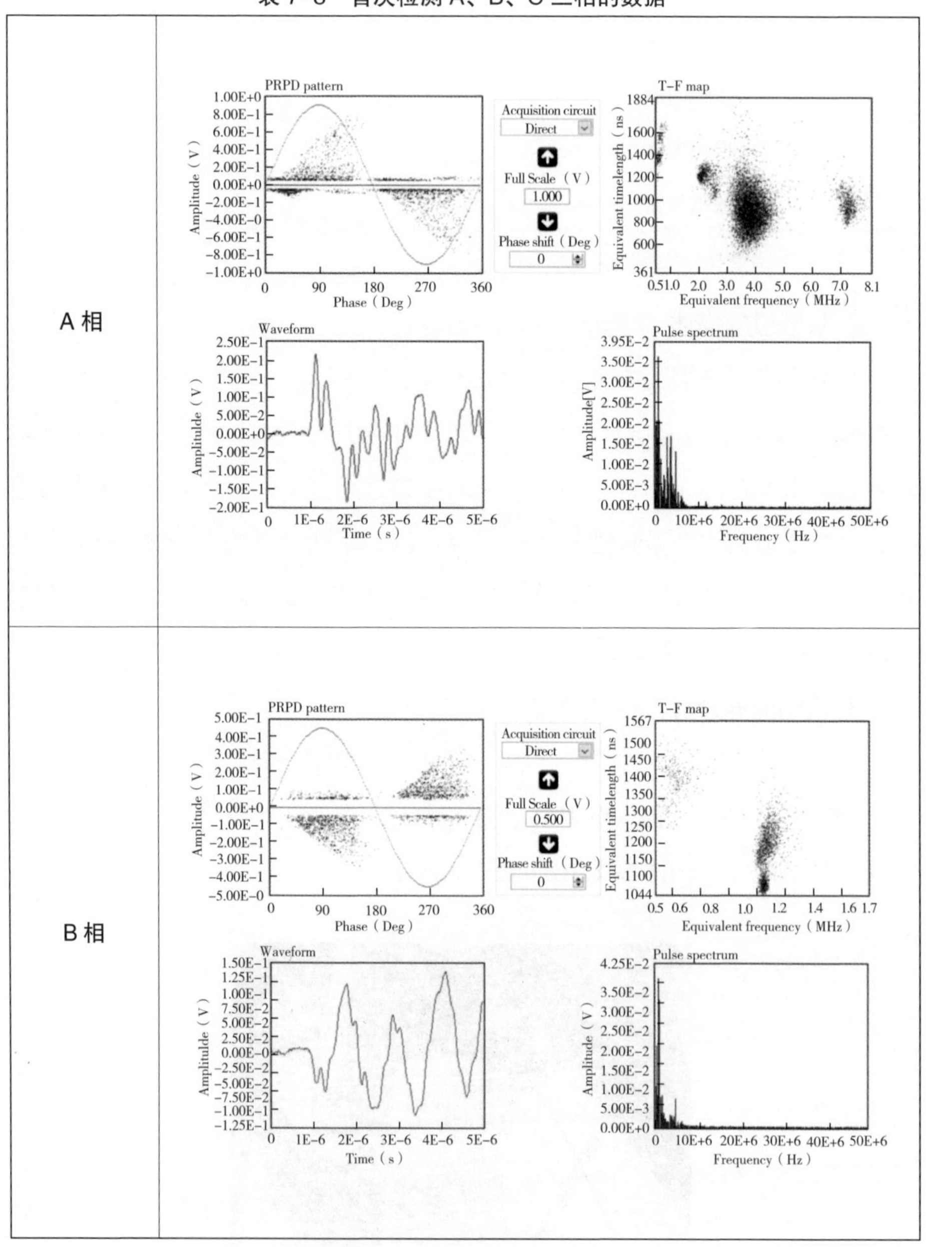

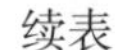

续表

C 相	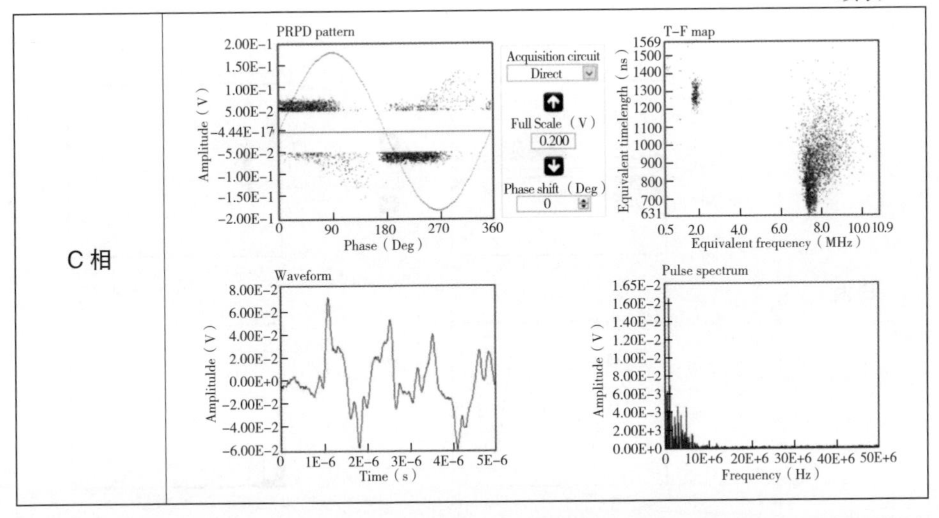

由上表可知，A、B、C 三相电缆终端检测数据均可分离出来形状相似的放电相位图谱，且 180° 分布特征明显，A 相幅值 800mV 左右，B、C 相 PRPD 图与 A 相反向，放电幅值均小于 A 相（B 相幅值约 400mV，C 相幅值约 150mV），因此判断此疑似放电信号来源于 A 相。

2021 年 4 月 9 日对 220kV JWY 线 53 号塔进行复测，检测数据如表 7–9 所示。

表 7–9　JWY 线 53 号塔复测数据

A 相	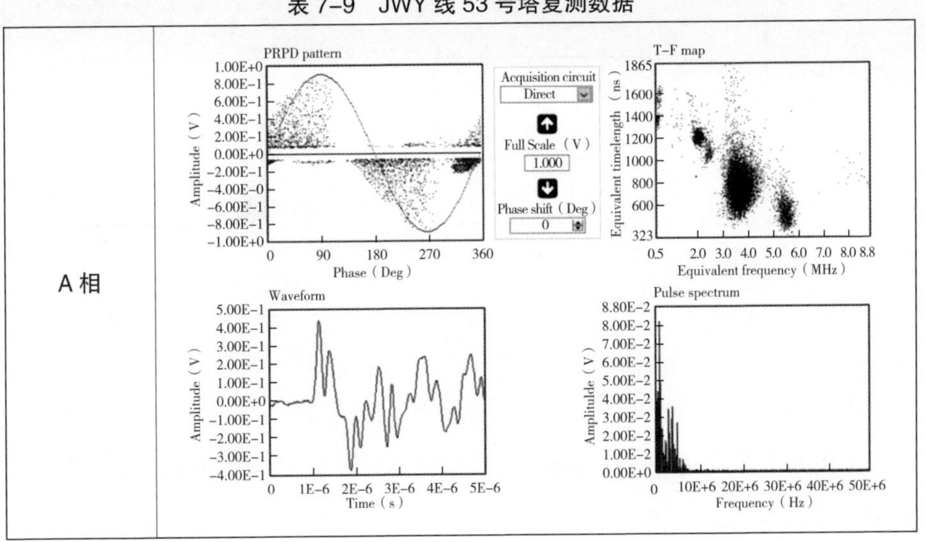

续表

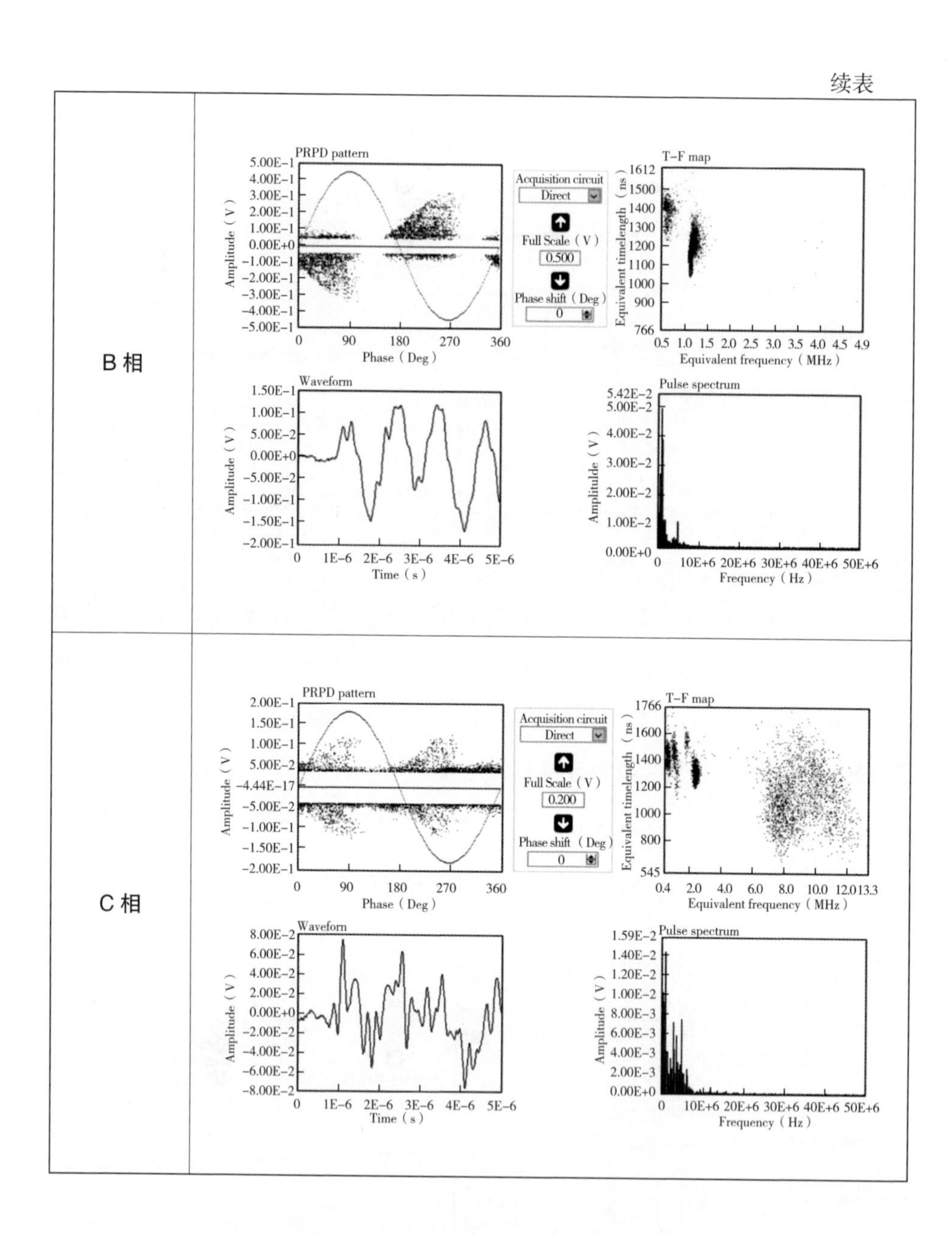

由上表可知，A、B、C 三相电缆终端检测数据与 4 月 7 日检测数据一致，A 相幅值 800mV 左右，180° 分布特征明显，且 B、C 相放电幅值均小于 A 相。

（2）接地箱高频数据分析

为进一步排查疑似信号来源，首先临近的 JWY 线 1 号接地箱进行检测，传感器为电容臂 + 高频 TV，数据如表 7-10 所示。

表 7-10　JWY 线 1 号接地箱数据

1 号接地箱 A 相	PRPD pattern（Amplitude（V）/ Phase（Deg）） Acquisition circuit: Direct; Full Scale（V）: 5.000; Phase shift（Deg）: 0 T-F map（Equivalent timelength（ns）/ Equivalent frequency（MHz）） Waveform（Amplitude（V）/ Time（s）） Pulse spectrum（Amplitude（V）/ Frequency（Hz））
1 号接地箱 B 相	PRPD pattern（Amplitude（V）/ Phase（Deg）） Acquisition circuit: Direct; Full Scale（V）: 5.000; Phase shift（Deg）: 0 T-F map（Equivalent timelength（ns）/ Equivalent frequency（MHz）） Waveform（Amplitude（V）/ Time（s）） Pulse spectrum（Amplitude（V）/ Frequency（Hz））

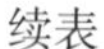
续表

1 号接地箱 C 相	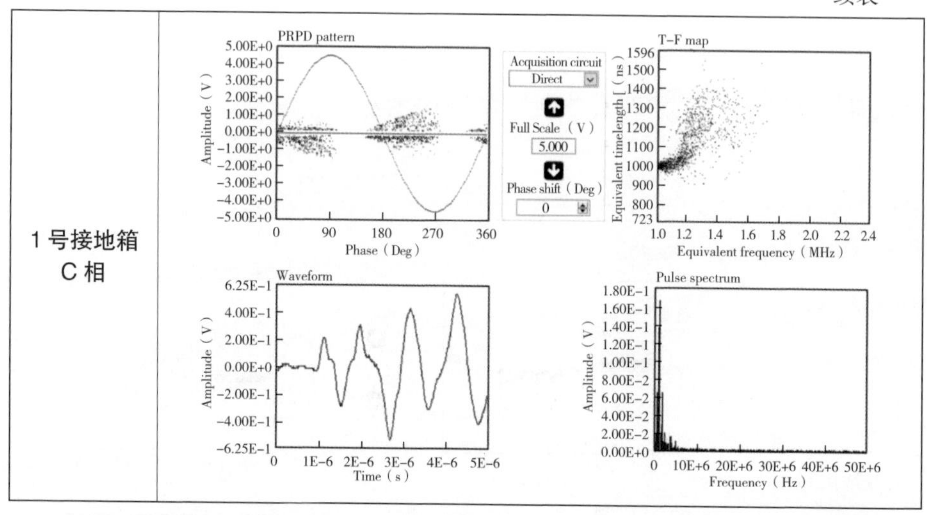

由上表可知，A、B、C 三相检测数据放电相位图谱与终端塔检测到的疑似信号形状相似，180° 分布特征明显，A 相幅值 4V 左右，B、C 相 PRPD 图与 A 相反向，放电幅值均小于 A 相（B 相幅值约 3V，C 相幅值约 2V），判断此疑似放电信号来源于 A 相。

之后对 2 号接地箱进行检测，数据如表 7–11 所示。

表 7–11　JWY 线 2 号接地箱数据

2 号接地箱 A 相	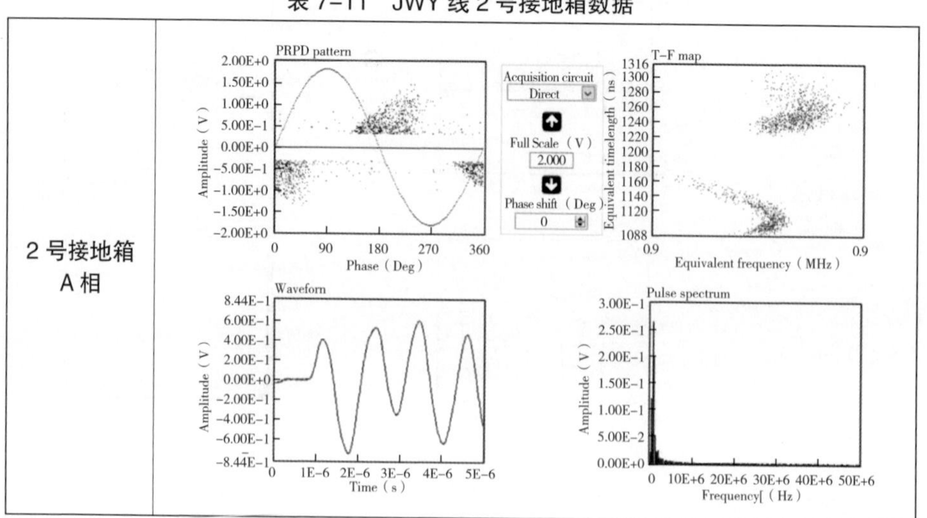

续表

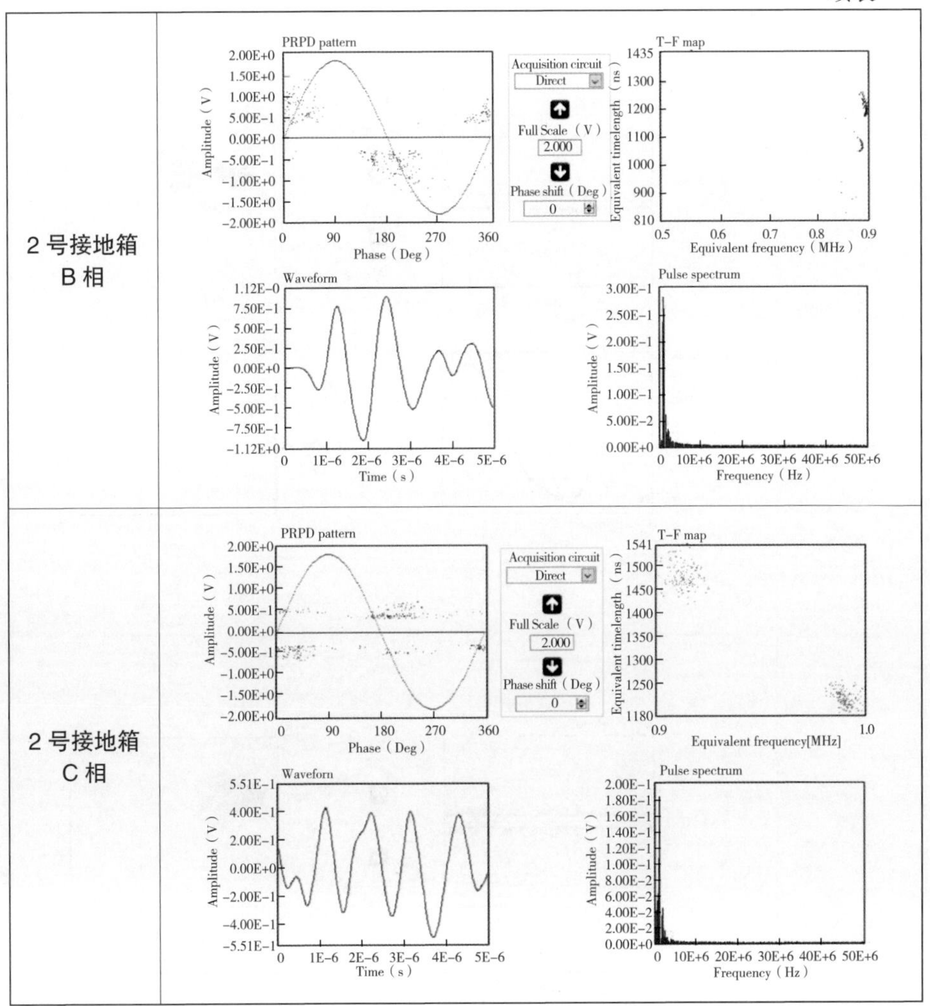

由上表可知，A、B、C 三相检测数据放电相位图谱与 1 号接地箱检测到的疑似信号形状相似，180° 分布特征明显，A 相幅值 1.5V 左右，B、C 相 PRPD 图与 A 相反向，放电幅值均小于 A 相（B 相幅值约 1.4V，C 相幅值约 1V），同时三相疑似信号的等效频率及幅值相比于 1 号接地箱有所衰减，因此判断此疑似放电信号来源于 1 号接地箱方向。

之后对 3 号接地箱进行检测，数据如表 7–12 所示。

表 7-12　JWY 线 3 号接地箱数据

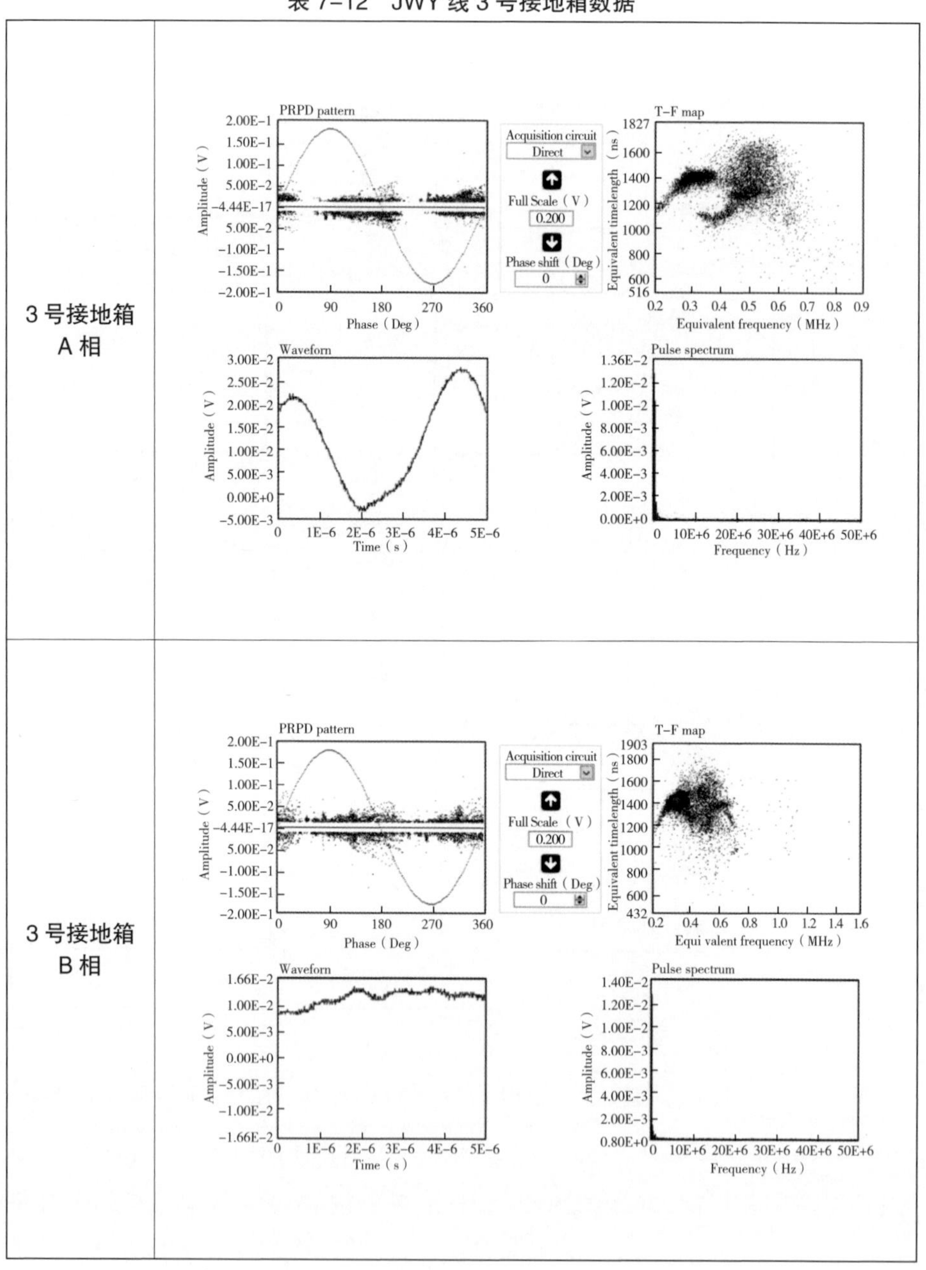

续表

3 号接地箱 C 相	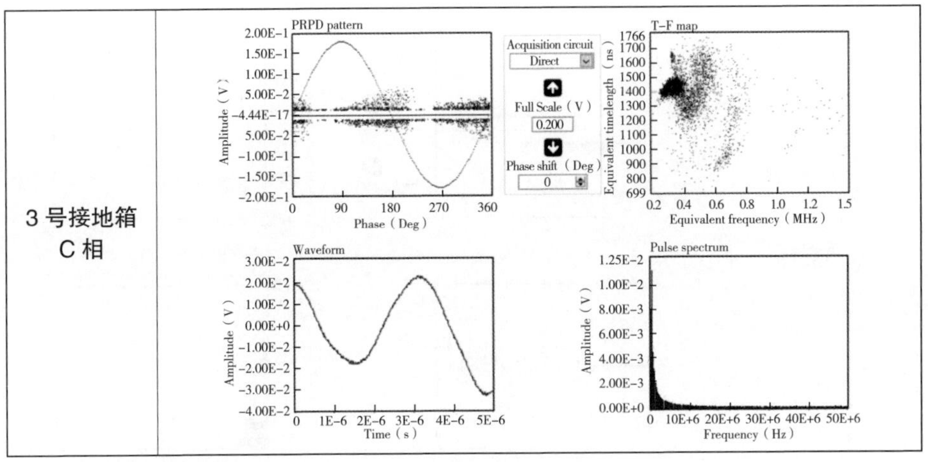

由上表可知，A、B、C 三相检测数据放电相位图谱与 1 号接地箱检测到的疑似信号形状相似，但相位分布特征不明显，三相信号幅值小，等效频率及幅值相比于 2 号接地箱有所减小，时域波形不明显，说明信号已经过一段时间的衰减，因此判断此疑似放电信号来源于 1 号接地箱方向。

（3）不同 TA 安装位置高频数据分析

针对 A 相电缆，对比不同 TA 安装位置时检测数据，结果如表 7–13 所示。

表 7–13　JWY 线 A 相电缆数据

TA 上部安装	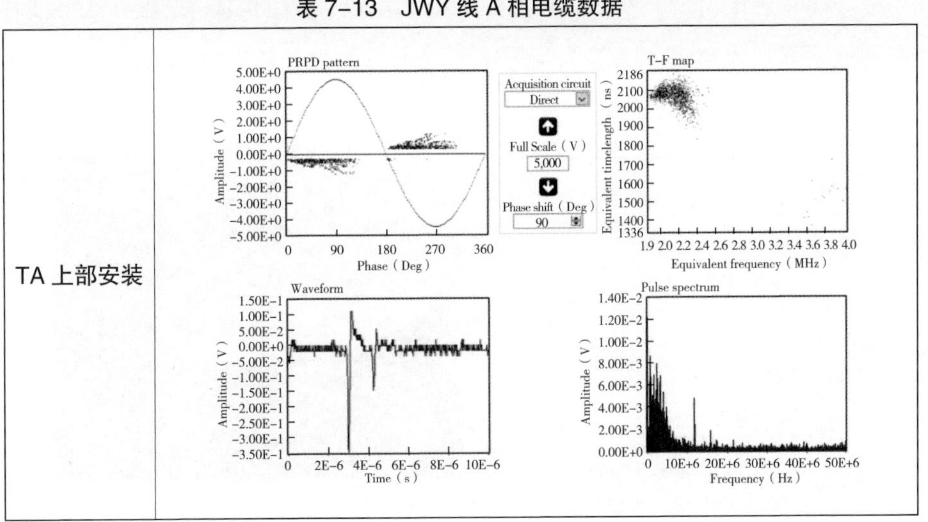

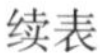
续表

TA 下部安装	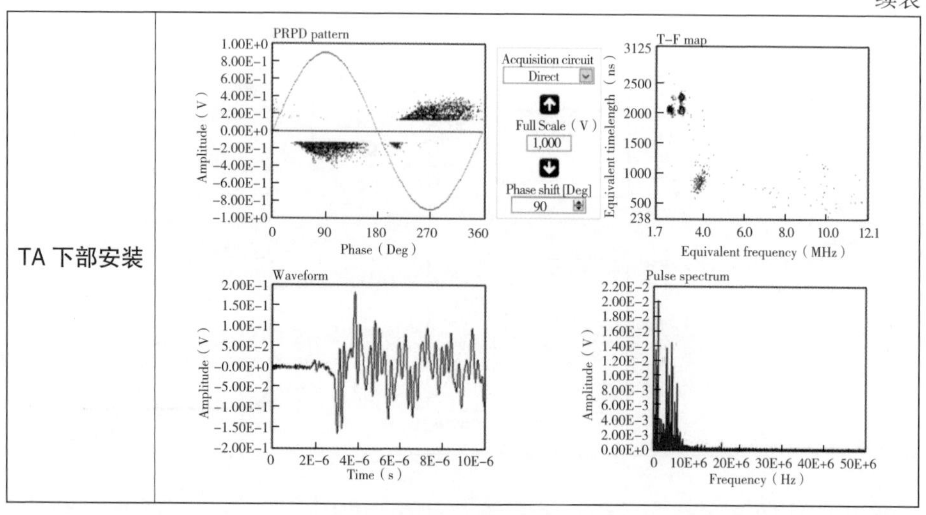

通过对不同位置传感器检测结果进行比对可发现，在终端塔上侧检测到的时域信号图谱特征相当明显，在下侧检测到的时域波形已有了一定的衰减，根据 PRPD 图可判断上侧安装 TA 和下侧安装 TA 检测到的为同一个信号，因此可以判断此异常信号来源于 A 相电缆终端。

4. 缺陷解体验证

2021 年 4 月 21 日，对 220kV JWY 线 53 号塔进行停电检查，发现 A 相终端存在两处明显放电痕迹，一处为半导电断口上方的黑色放电痕迹（见图 7–14），

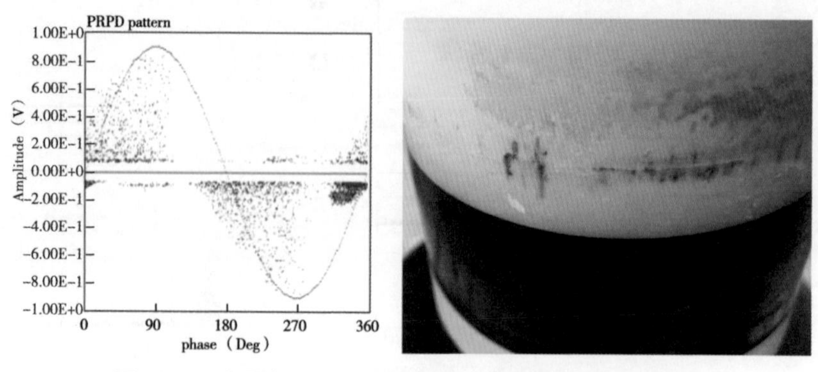

图 7–14　半导电端口上侧绝缘类放电图谱及解体验证照片

另一处为支撑法兰内面的沿面放电痕迹（见图 7–15），分别对应带电检测发现的局放类信号和沿面类信号。

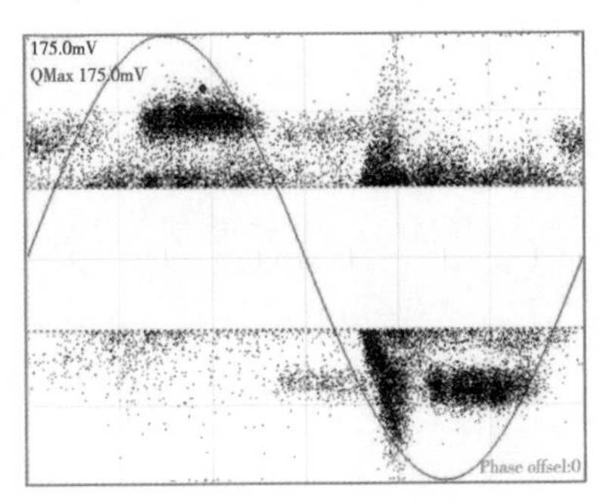

图 7–15　沿面放电图谱及解体验证照片

5. 反事故措施

1）加强同批次同型号电缆终端的带电检测工作，发现类似局部放电信号，尽早停电处理。

2）严格把控电缆及其附件材料的质量与安装工艺，按照标准验收。

3）对于接地线未下引的户外电缆终端，通过采用大口径 TA 同样可以检测到电缆终端的高频局部放电信号。

4）高频局部放电信号的传播距离与局放信号的频率有关，本次检测到的局部放电信号传播了 800m 左右。

5）通过将两个同型号同性能的高频传感器放置在不同的位置，可以判断局部放电信号的来源，位置间距在 5m 以上，效果较为明显。

7.4　变压器电缆终端陷位环悬浮缺陷

1. 线路基本情况

以 110kV GXY 站内联络电缆为例，线路基本情况如表 7–14 所示。

表 7-14 线路基本情况

线路名称	110kV GXY 站内联络电缆
线路形式	2 号主变压器与 GIS 之间一段联络电缆（110kV）
线路长度	50m
敷设方式	电缆沟敷设
接地方式	一端直接接地，另一端保护器接地
投运时间	2013 年 10 月 11 日
设备型号	长园电力 YJLW03-Z 型电力电缆
位置信息	变压器油 - 油套管电缆仓

2. 缺陷过程描述

2019 年 12 月 4 日，检测人员在对 110kV GXY 站内电缆进行带电检测时，发现 2 号主变压器 110kV 侧电缆仓 A 相存在高频局部放电信号，具有沿面放电特征。12 月 6 日，使用特高频、超声波、示波器等手段进行复测，验证并定位到电缆仓存在明显放电信号。鉴于放电特征明显，12 月 24 日，对 2 号变压器进行停电检查，结果如表 7-15 所示。

表 7-15 检测结果

检测手段	检测仪器	检测结果
高频	PD Check	异常
特高频	PD74i	异常
超声波	PD74i	异常
示波器	G1500	异常

3. 检测数据分析

（1）局部放电初测

12 月 4 日进行首次检测时，发现 2 号变 A 相电缆仓存在高频局部放电信号，检测图谱如表 7-16 所示。放电图谱显示，此信号具有明显 180° 相位相关性，符合沿面放电特征，A 相放电量最大，约 50mV，B、C 相放电量约 20mV。

继续进行特高频检测，如图 7-16 所示，图谱显示具有沿面放电特征，A 相特高频信号 -20dB，B、C 两相两种信号幅值皆低于 A 相。高频与特高频检测结果一致，可相互验证，初步判断 2 号变压器 A 相电缆仓内存在局放。

表 7-16　高频检测图谱

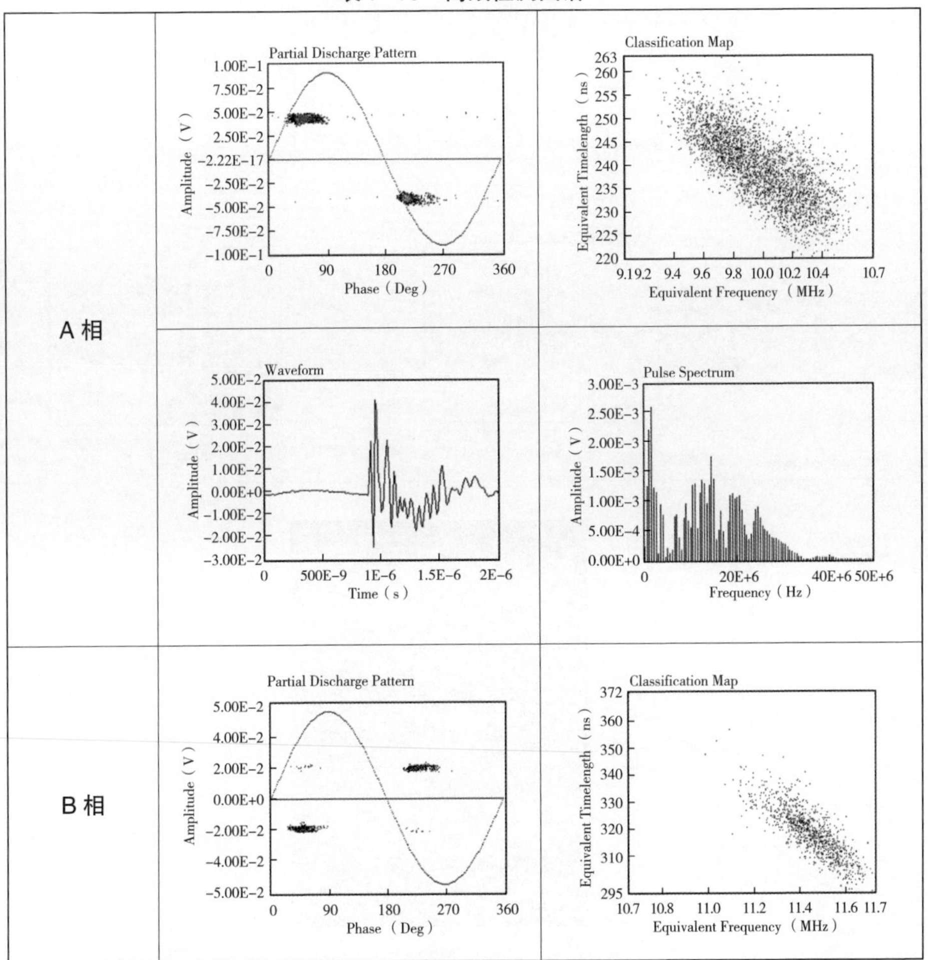

续表

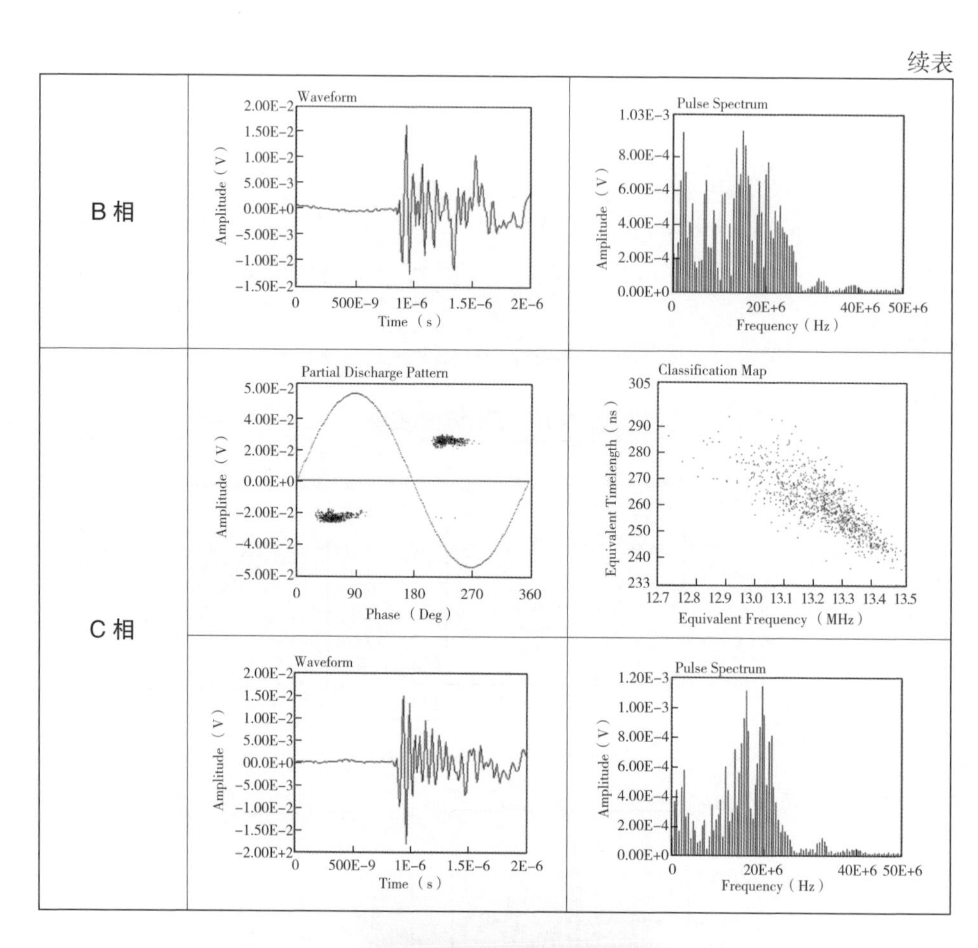

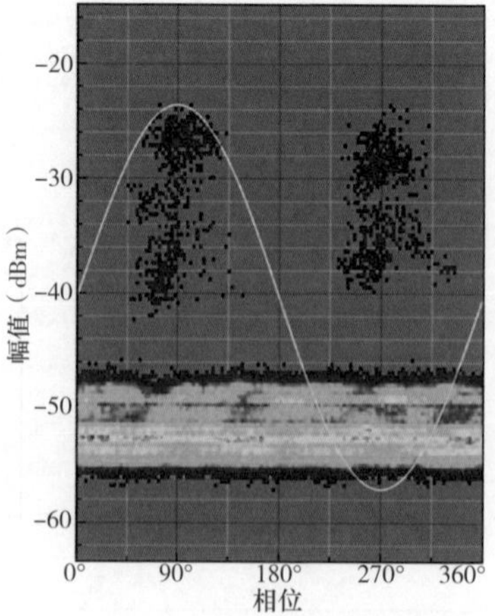

图 7-16　A 相电缆仓特高频信号

（2）局部放电复测

12月9日对异常信号进行复测，高频、特高频信号与之前相比基本保持一致。利用示波器观察两种信号时域波形特征如图7-17所示，证实为同源信号。

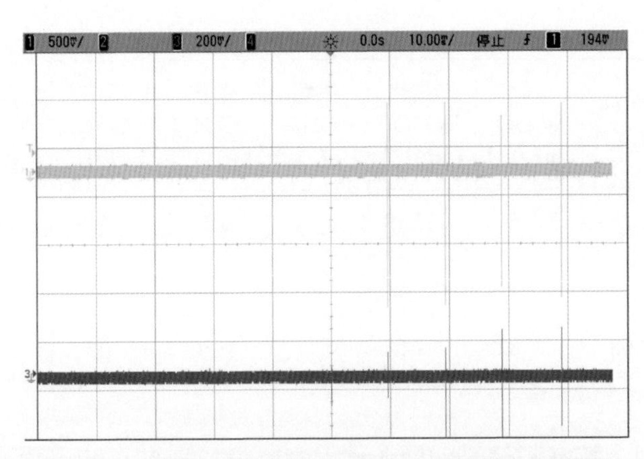

图7-17　A相电缆仓特高频和高频在示波器上的同源性

同时利用接触式超声检测发现，A相电缆终端底部环氧套管处存在超声异常信号，如图7-18所示，信号呈间歇性，具有沿面放电特征，幅值较低约2mV，B、C相未检测到超声信号。

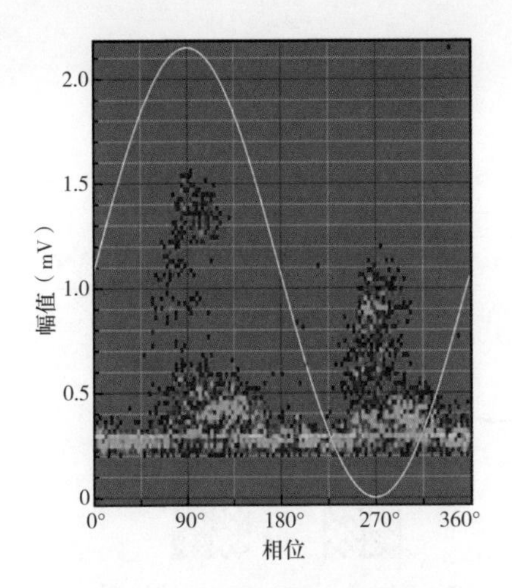

图7-18　A相电缆仓超声信号

查阅资料显示该变压器于 2013 年投运，电缆仓为单连通结构，无独立小油枕，12 月 5 日对电缆仓油样进行检测，结果正常，检测数据如表 7–17 所示。

表 7–17　12 月 5 日套管油色谱数据

套管油中溶解气体分析	氢气 H_2（μL/L）	一氧化碳 CO（μL/L）	二氧化碳 CO_2（μL/L）	甲烷 CH_4（μL/L）	乙烯 C_2H_4（μL/L）	乙炔 C_2H_2（μL/L）	乙烷 C_2H_6（μL/L）	总烃（μL/L）
A	45.77	330.60	1023.90	6.24	0.38	0	0.46	7.0800
B	20.74	328.36	844.70	5.63	0.26	0	0.32	6.2100
C	47.08	427.82	1097.58	6.99	0.36	0	0.45	7.8000

基于高频、特高频信号的同源性，判断信号来自 A 相电缆仓，结合油色谱检测结果，判断信号来自油中的可能性较低，较大概率位于电缆终端内部。另外结合局放信号的沿面放电特征及环氧处测得的超声信号，判断信号应来自环氧套管处，放电部位可能位于环氧套管中金属元件与环氧树脂的交界面。根据图 7–19 所示的电缆终端结构图，判断信号可能来自环氧套管顶部屏蔽电极与金属挡环附近。

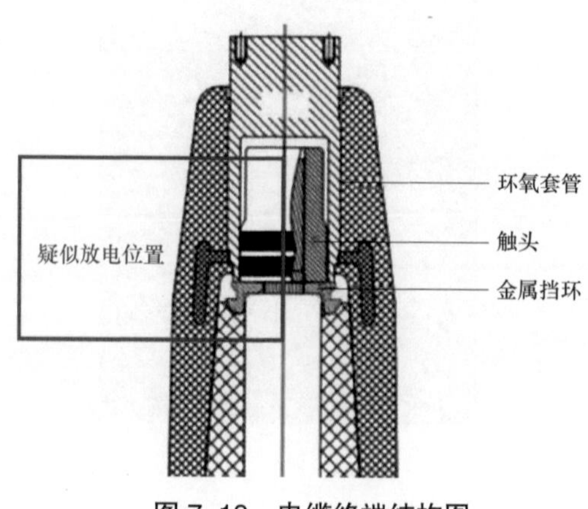

图 7–19　电缆终端结构图

4. 解体检查

12 月 24 日，对 2 号变压器进行停电检查，如图 7–20 所示，在 A 相电缆仓环氧套管内的屏蔽罩、限位环和电缆线芯上均发现黑色放电痕迹，与带电检测出的推断结论相符。

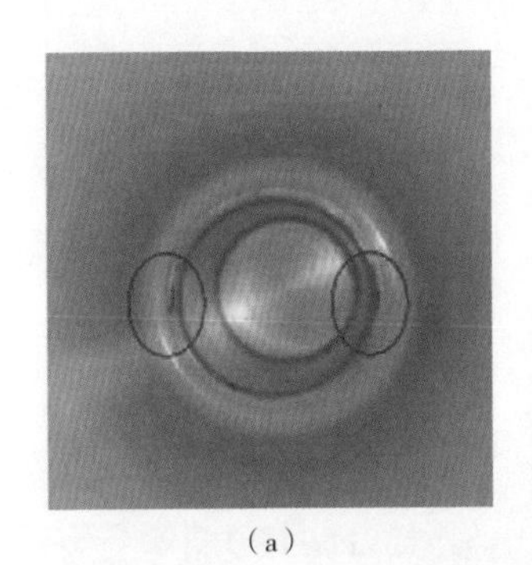
（a）

（b）

（c）

图 7–20 电缆仓内部限位环附近放电痕迹

（a）屏蔽罩；（b）限位环；（c）电缆线芯

5. 缺陷原因分析

查询 2018 年年底带电检测数据显示，当时未发现异常信号，说明该信号出现时间不到 1 年，有可能为金属挡环与触头未可靠接触，运行中设备震动导致挡环与导体接触不良引起放电，也有可能为金属件与环氧树脂界面出现缝隙引起放电。

6. 反事故措施

（1）按照相关标准，严格把控电缆附件装配工艺的尺寸和步骤要求。

（2）采用高频、特高频、超声等手段对变压器联络电缆进行带电检测，及时发现缺陷。

7.5 电缆 GIS 终端限位环悬浮缺陷

1. 线路基本情况

以 220kV BBY 线电缆为例，线路基本情况如表 7–18 所示。

表 7-18 线路基本情况

线路名称	220kV BBY 线
线路形式	电缆
线路长度	0.60km
投运时间	2020 年 10 月 31 日
接地方式	一端直接接地，另一端保护器接地
缺陷位置	A 相 GIS 电缆终端

2. 缺陷过程描述

2020 年 11 月 16 日，检测人员在 220kV BBY 线 GIS 电缆终端进行带电检测时（见图 7-21），发现 A 相电缆终端存在特高频异常放电信号。11 月 19 日进行复测，通过高频、特高频、超声波、特高频时差定位等手段，确认存在悬浮放电信号。

图 7-21 BBY 线 2217 间隔

3. 检测数据分析

（1）特高频检测

对某线路 GIS 电缆终端进行特高频局放检测，检测结果如表 7-19 所示，

A相存在疑似放电信号，PRPS图和PRPD图放电图谱180°分布特征明显，B、C相及相邻间隔、空气中均存在相同类型的特高频放电信号，信号幅值均低于A相，且信号幅值按距离A相距离依次递减，初步判断此放电信号来源于A相。

之后进行两次复测，如表7-20所示，对比三次检测特高频幅值，放电幅值较大且有发展趋势，放电呈悬浮放电特征。

表7-19　GIS终端特高频局部放电检测结果

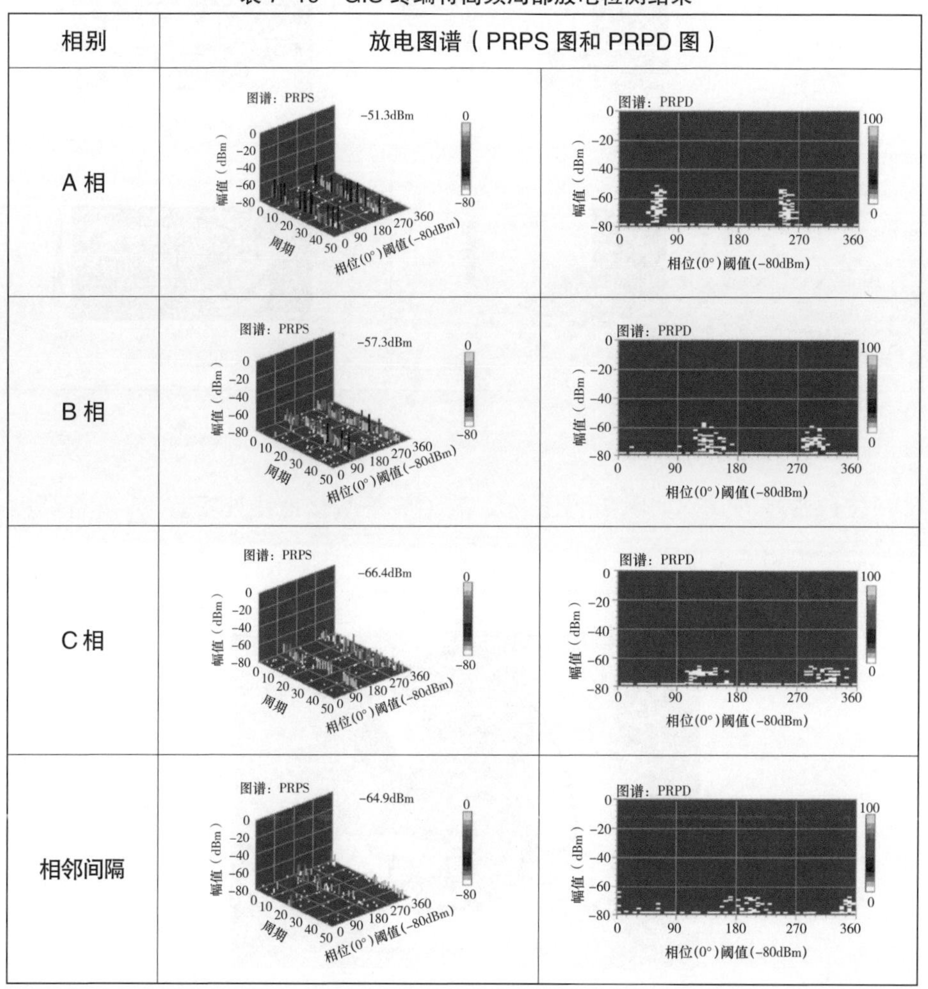

相别	放电图谱（PRPS图和PRPD图）	
A相	图谱：PRPS　-51.3dBm　幅值（dBm）　周期　相位(0°)阈值(-80dBm)	图谱：PRPD　幅值（dBm）　相位(0°)阈值(-80dBm)
B相	图谱：PRPS　-57.3dBm　幅值（dBm）　周期　相位(0°)阈值(-80dBm)	图谱：PRPD　幅值（dBm）　相位(0°)阈值(-80dBm)
C相	图谱：PRPS　-66.4dBm　幅值（dBm）　周期　相位(0°)阈值(-80dBm)	图谱：PRPD　幅值（dBm）　相位(0°)阈值(-80dBm)
相邻间隔	图谱：PRPS　-64.9dBm　幅值（dBm）　周期　相位(0°)阈值(-80dBm)	图谱：PRPD　幅值（dBm）　相位(0°)阈值(-80dBm)

表 7-20 GIS 终端 A 相特高频局部放电检测结果

时间	放电图谱（PRPS 图和 PRPD 图）	
第一次	图谱：PRPS -51.3dBm	图谱：PRPD
第二次	图谱：PRPS -34.2dBm	图谱：PRPD
第三次	图谱：PRPS -37.2dBm	图谱：PRPD

（2）高频数据分析

按照常规方式，如图 7-22 所示，在 GIS 终端接地线处安装 TA 进行高频局部放电检测，未发现疑似局部放电。

图 7-22 高频传感器安装在地线上

在 A 相 GIS 架构螺栓处安装 TA，如图 7-23 所示，发现与特高频信号类似的高频局部放电信号，检测结果如表 7-21 所示，其他两相相同位置螺栓未发现类似放电信号。

图 7-23　高频传感器安装在螺栓上

表 7-21　GIS 终端 A 相架构螺栓高频局部放电检测结果

位置	放电图谱
螺栓 1	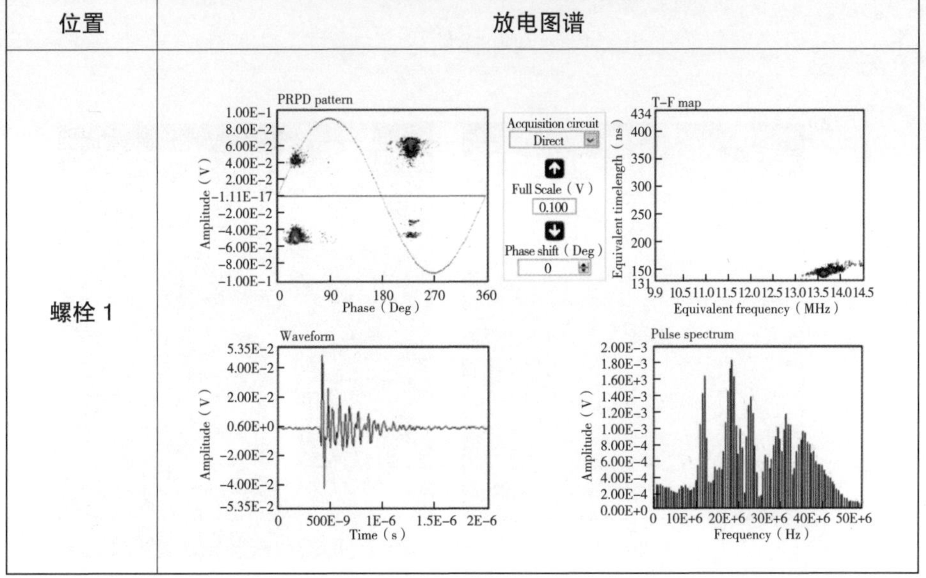

续表

位置	放电图谱
螺栓 2	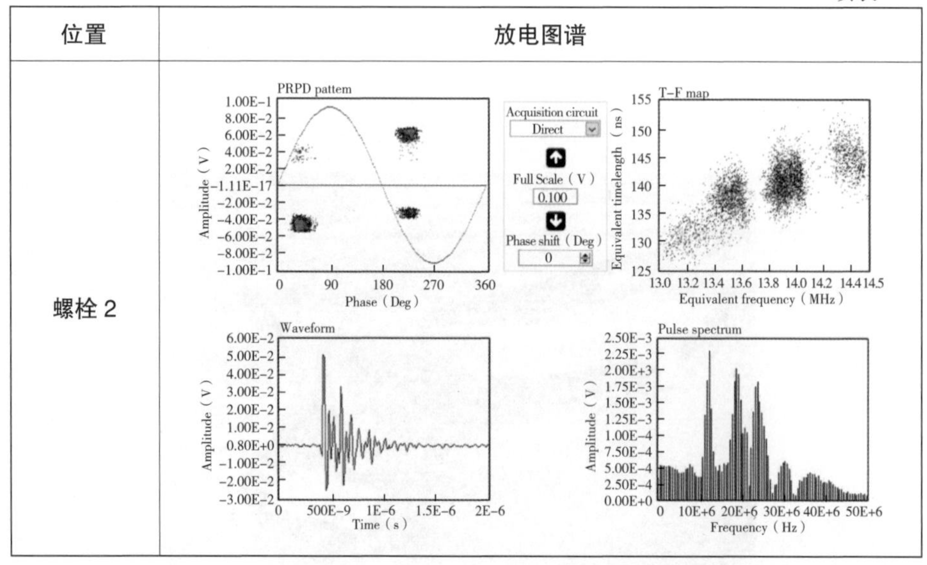

（3）超声波局放检测

采用超声波局放检测方式进行检测，在 A 相环氧套管固定法兰盘处发现疑似悬浮放电信号，幅值较弱，有效值约 0.3mV，该位置沿竖直方向的 GIS 外壳、电缆终端尾管上也能检测到同样信号，如图 7–24 所示。

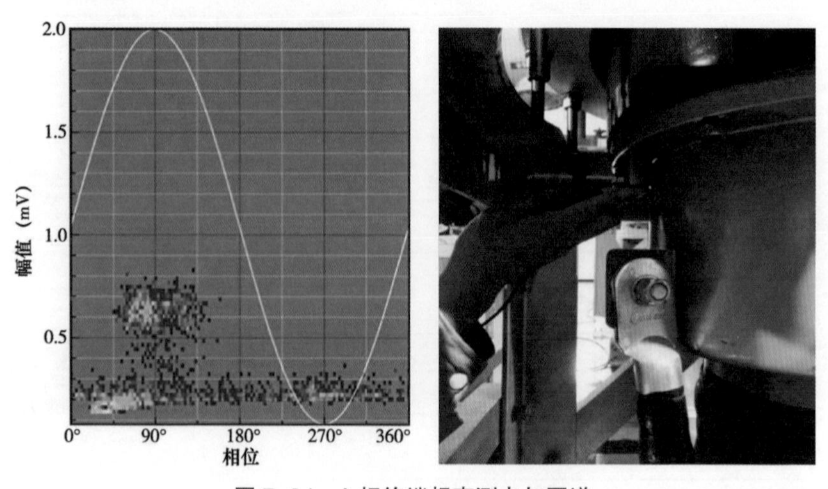

图 7–24　A 相终端超声测点与图谱

（4）特高频时差定位

如图 7–25 所示，将黄色特高频传感器放置在 A 相电缆终端环氧树脂套处，绿色传感器放置在电缆终端筒仓上部盆子处，波形展开图中黄色传感器波形超前绿色传感器波形约 4.3ns，计算得出信号源距黄色传感器约 33cm。结合上述定位过程及距离计算，判断局放源位置在 A 相电缆仓如图 7–26 所示的红色标注区域内。

（a）

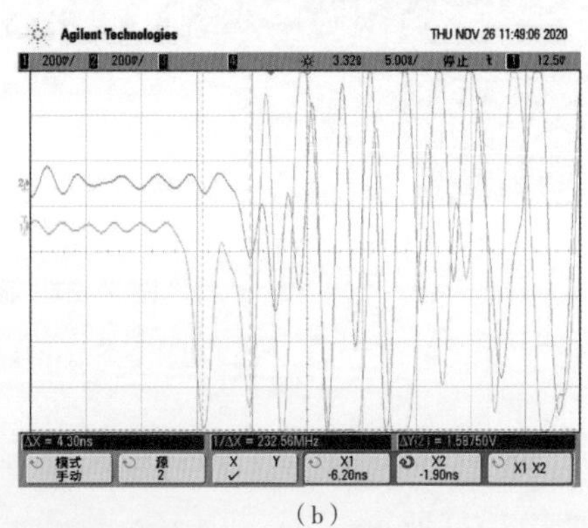

（b）

图 7–25　特高频时差定位图

（a）传感器布置图；（b）波形展开图

图 7–26　局放源所在区域位置

4. 缺陷解体验证

2020 年 11 月 29 日，对该电缆进行停电检查，发现 A 相电缆终端止动套与电缆线芯存在松动现象，同时在电缆线芯和止动套上有黑色放电痕迹，判断是止动套与电缆导体接触不良，导致产生悬浮放电，如图 7-27 所示，解体验证结果与特高频定位位置相吻合。

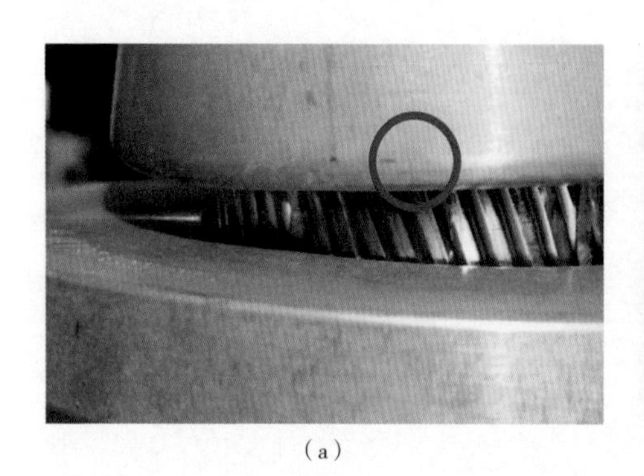

（a）

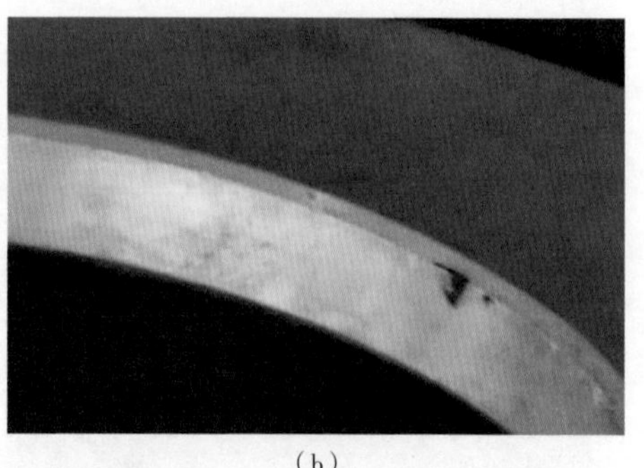

（b）

图 7-27 解体验证结果图

（a）电缆线芯放电痕迹；（b）止动套放电痕迹

处缺后恢复送电，对该电缆终端进行特高频复测，未发现异常放电信号，如表 7-22 所示。

表 7-22 GIS 终端特高频局放送电后复测结果

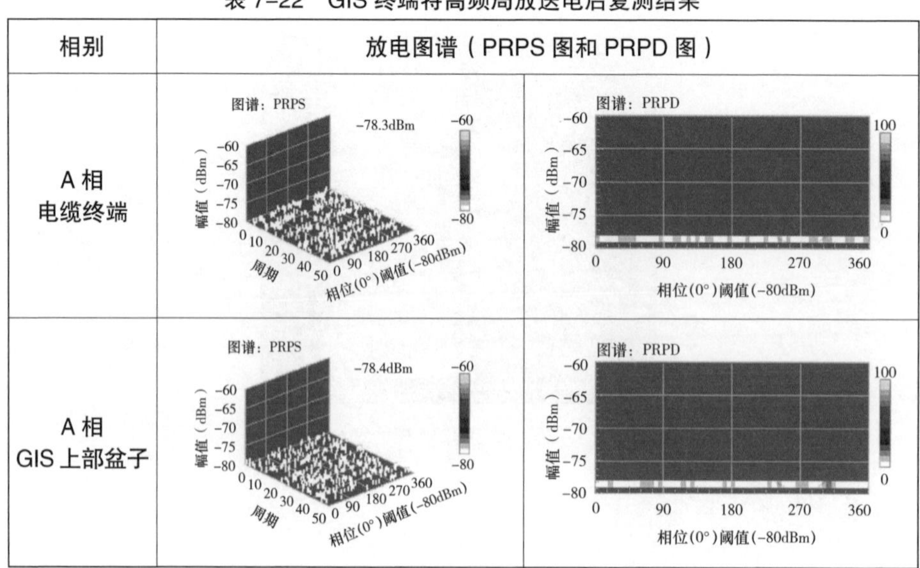

相别	放电图谱（PRPS 图和 PRPD 图）	
A 相 电缆终端	图谱：PRPS（-78.3dBm）	图谱：PRPD
A 相 GIS 上部盆子	图谱：PRPS（-78.4dBm）	图谱：PRPD

5. 反事故措施

1）严格把控电缆及其附件材料的质量与安装工艺，按照标准验收。

2）对于新投运线路及时进行带电检测，发现隐藏缺陷，避免发展为事故。

3）改变传感器安装位置，可以发现不同位置的局放。

7.6 电缆终端绝缘类缺陷

1. 线路基本情况

以 220kV WH 线为例，线路基本情况如表 7–23 所示。

表 7–23　线路基本情况

线路名称	220kV WH 线
线路形式	电缆
线路长度	6.469km
投运时间	2020 年 4 月 27 日
接地方式	交叉互联，站内直接接地
缺陷位置	B 相 GIS 电缆终端

2. 缺陷过程描述

2020 年 8 月 4 日，检测人员对 220kV WH 线开展带电检测时，发现 B 相存在异常放电信号。检测人员利用特高频、示波器进行综合诊断定位，分析判断为 WH 线 B 相 GIS 电缆终端存在绝缘性放电缺陷，如图 7–28 所示。

图 7–28　220kV GIS 电缆终端现场示意图

3. 检测数据分析

对 220kV WH 线共进行 3 项带电检测，其中高频与超声检测未发现异常信号，而特高频检测在电缆仓至断路器之间均检测到异常局放信号，图谱如表 7-24 所示。

表 7-24 特高频检测典型图谱

序号	检测位置	PRPS 图谱	PRPD 图谱	幅值（dBm）
1	电缆终端环氧树脂处	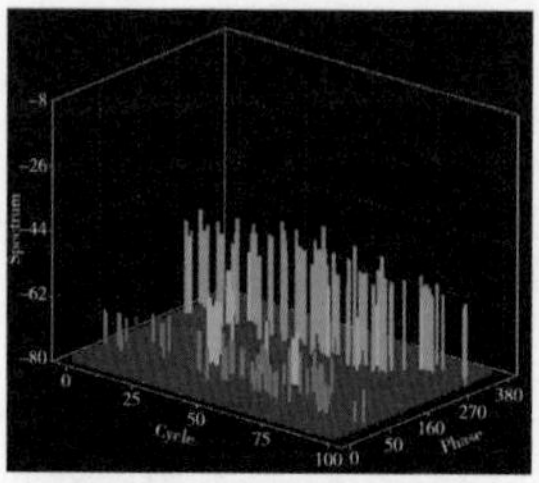	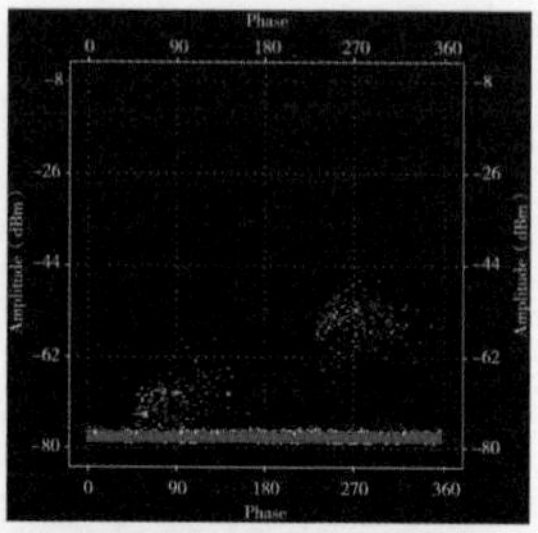	-45
2	隔离开关附近内置特高频传感器	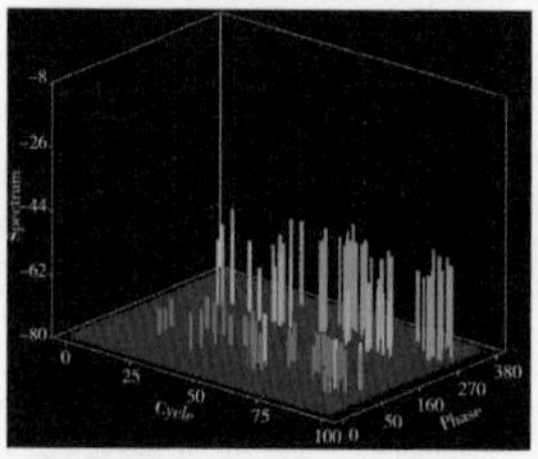	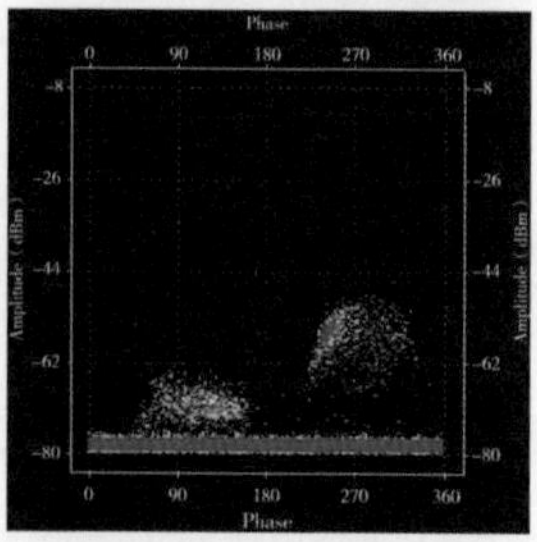	-46
3	隔离开关与断路器间盆式绝缘子	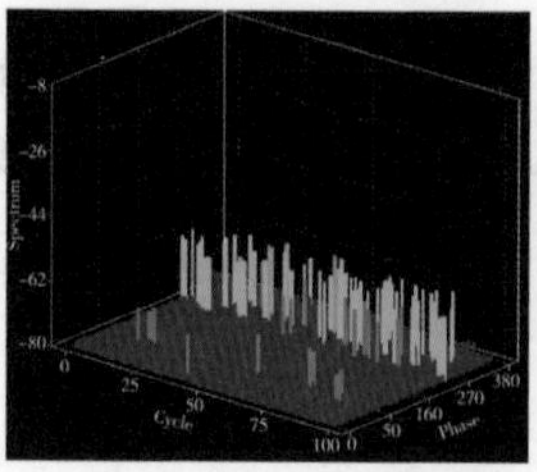	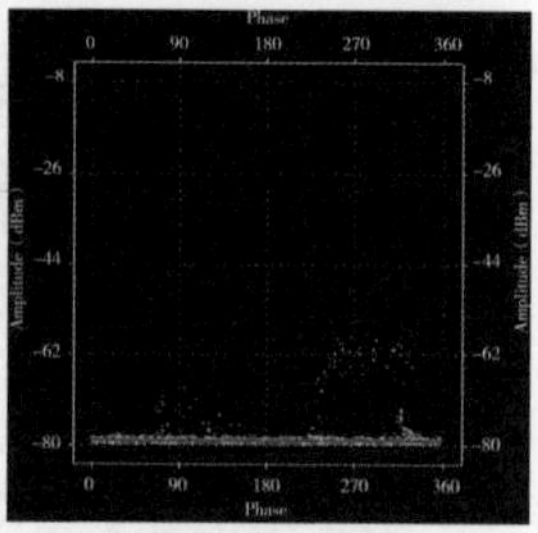	-60

根据图谱特征判断为绝缘性放电，为精确定位放电源缺陷位置，选取 -2 隔离开关附近内置特高频传感器和电缆终端环氧树脂处特高频传感器进行局放源时差定位，定位图谱如图 7-29 所示。

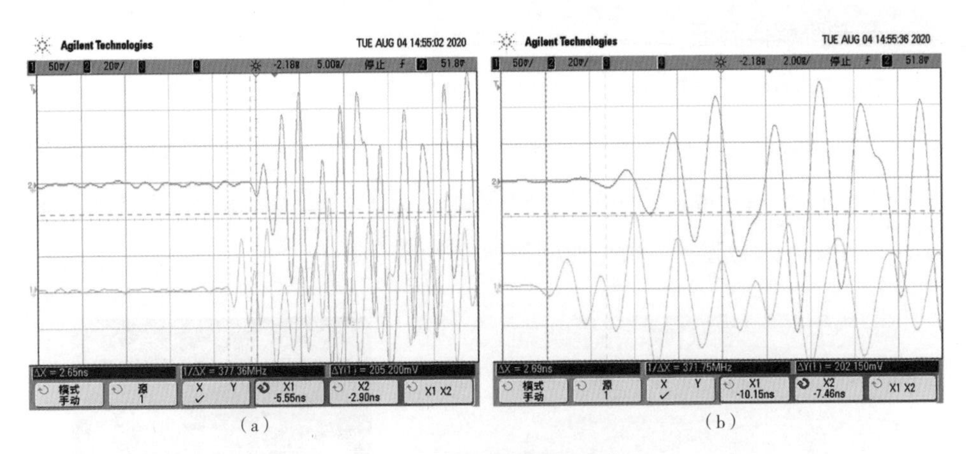

（a）　（b）

图 7–29　特高频定位图谱

（a）5ns/ 格时域波形；（b）2ns/ 格时域波形

定位结果：黄色通道（电缆终端环氧树脂处）超前于绿色通道（–2 隔离开关附近内置特高频传感器处）2.65ns，同时结合两路传感器的电磁波传感路径，判断放电源距电缆仓底部法兰上部 530~700mm 处，如图 7–30 所示。

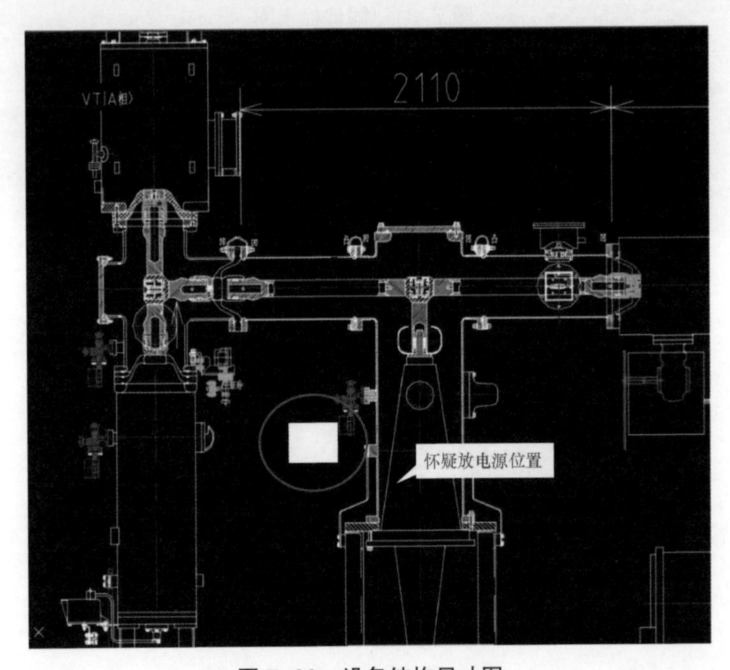

图 7–30　设备结构尺寸图

4. 缺陷解体验证

2020 年 10 月 4 日，QXD 变电站 2202 间隔停电，更换 B 相电缆终端并对缺陷电缆终端进行解体检查。如图 7–31 所示，电缆终端环氧树脂套管、应力锥等外观检查无异常，无明显放电痕迹。分析原因可能是由于线路投运时间不长，缺陷及时被发现，放电时间短，痕迹并不明显。

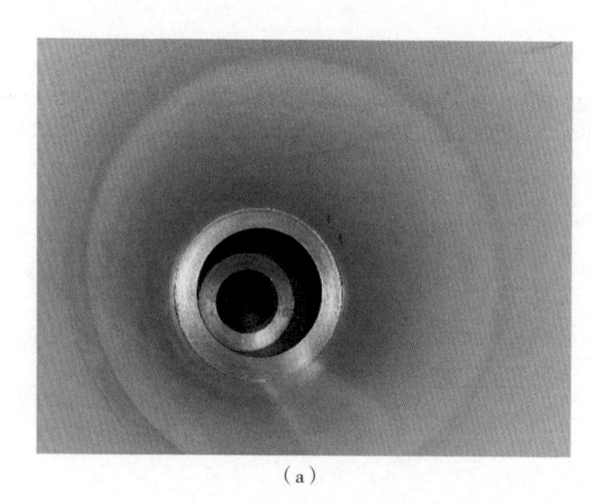
（a）

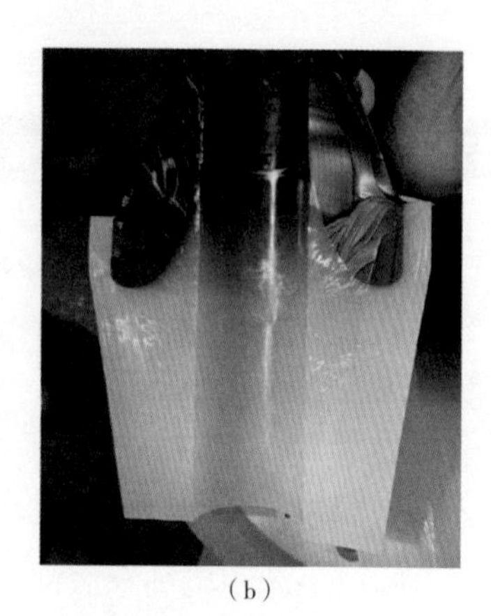
（b）

图 7–31　解体检查图

（a）环氧树脂套管外观检查；（b）应力锥内侧外观检查

2020 年 10 月 8 日，在更换终端并恢复送电后，对 220kV QHD 变电站 2202 间隔再次进行特高频局放检测，无异常局放信号，检测结果合格，如表 7–25 所示。

表 7–25　特高频复测典型图谱

序号	检测位置	PRPS 图谱	PRPD 图谱	幅值（dBm）
1	电缆终端环氧树脂处	0 dBm –40.0 dBm –80.0 dBm 0 360° 50 0°	0 –20 –40 –60 –80 幅值（dBm） 0° 90° 180° 270° 360° 相位	–72

续表

序号	检测位置	PRPS 图谱	PRPD 图谱	幅值（dBm）
2	隔离开关附近内置特高频传感器	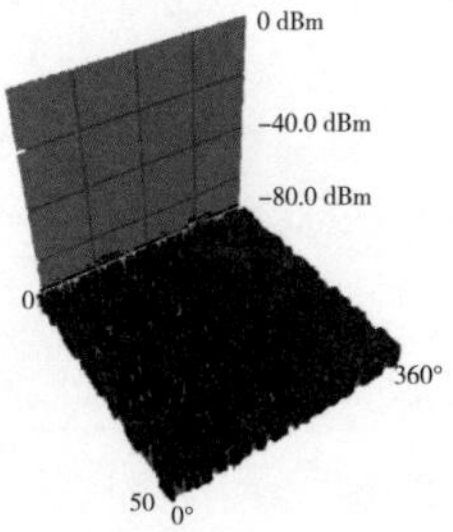	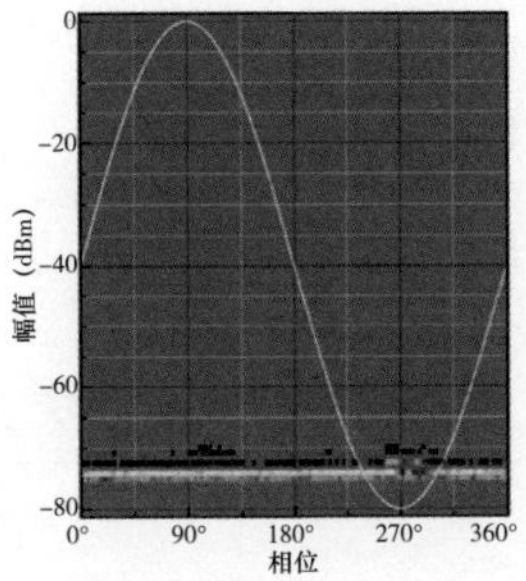	−71

5. 反事故措施

1）严格把控电缆及其附件材料的质量与安装工艺，按照标准验收。

2）对于新投运线路及时进行带电检测，发现隐藏缺陷，避免发展为事故。

7.7 电缆终端临近断路器灭弧室缺陷

1. 设备基本情况

以 220kV WKE 线为例，线路基本情况如表 7–26 所示。

表 7–26 设备基本情况

设备名称	220kV WKE 线
投运时间	2011 年 5 月 5 日
位置信息	灭弧室
操作机构型式	弹簧

2. 缺陷过程描述

2014 年 5 月 19 日，检测人员在对 220kV 某变电站内高压电缆终端进行高频局放检测时，发现 220kV WKE 线 GIS 终端电缆 B 相放电信号特征明显，A、C 相无明显放电特征，初步判断 B 相电缆终端内部存在局放。

5 月 20 日，再次对 WKE 线电缆终端进行复测，采用高频、超声、SF_6 气体分解产物等多种技术手段对放电部位进行定位，最终判断为 B 相断路器灭弧室内部存在放电缺陷。停电后对 220kV WKE 线 B 相断路器进行解体检查，发现明显放电痕迹。

本案例中用到的设备信息如表 7-27 所示。

表 7-27 设备信息

仪器型号	生产厂家	主要技术参数
TechIMP Pdcheck	意大利 TechIMP	带宽：16kHz~30MHz 采样频率：100MHz
AIA-2	挪威 sintef 电力研究所	灵敏度：2~5pc
GC-9760B SF_6 分解产物专用便携式色谱仪	上海华爱色谱分析技术有限公司	分辨率：± 1uv 采样频率：最高 20 次 /s

3. 检测数据分析

（1）高频检测数据

014 年 5 月 19 日，220kV WKE 线电缆终端 B 相高频局放检测图谱如表 7-28 所示。从放电谱图中可以看出明显的工频相位相关性，放电集中在一、三象限，脉冲信号波形为放电衰减波形，对应的频率主要集中在 1~5MHz，初步判断为内部放电。

2014 年 5 月 20 日，工作人员再次测到 WKE 线电缆终端 B 相高频局放检测图谱如表 7-29 所示。可以看出，在相位角为 0° 与 180° 时，放电特征点居多，且随电压升高没有明显增长趋势。这与典型电缆终端放电图谱不吻合，怀疑检测到的频率为 1MHz~3.4MHz 的放电高频电磁信号与 WKE 线所连接的组合电器有关。

（2）超声检测数据

对 WKE 线组合电器三相所有气室进行超声波局放检测，检测顺序依次为

表 7-28　WKE 线 5 月 19 日高频检测图谱

WKE 线 B 相	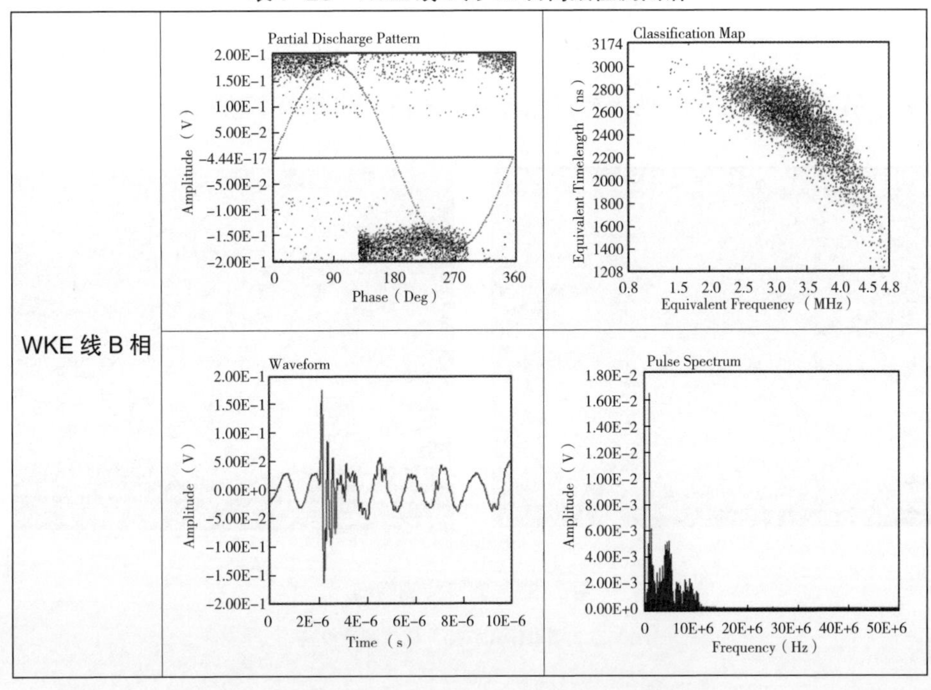

表 7-29　WKE 线 5 月 20 日高频检测图谱

WKE 线 B 相	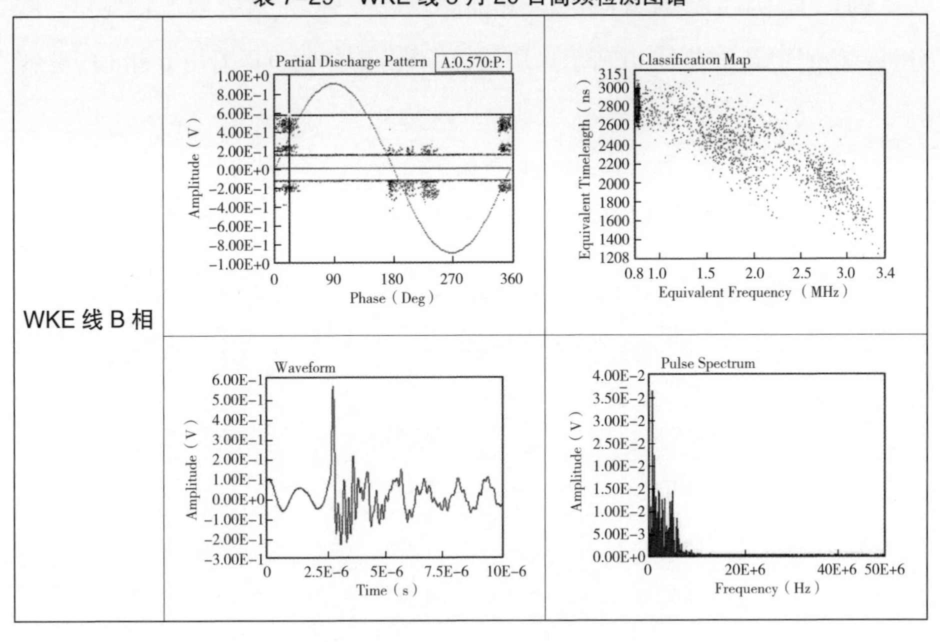

电缆出线气室、隔离开关、TA、断路器气室。当测量到B相断路器气室时，连续测量模式下有效值、峰值明显高于其他气室10倍以上，100Hz相关性明显，相位测量模式下呈现与相位相关放电图谱，如图7-32所示。

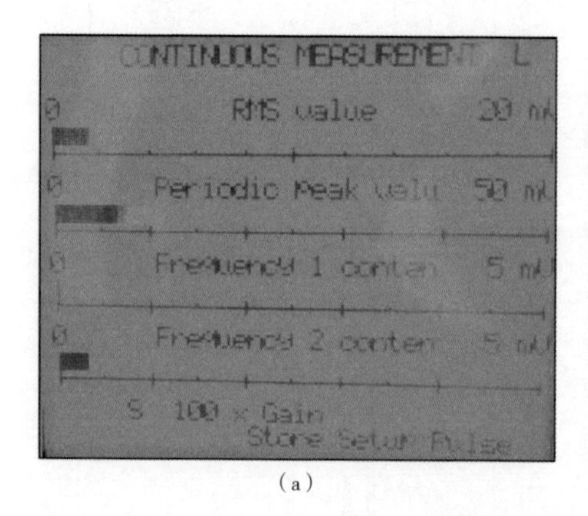

（a）

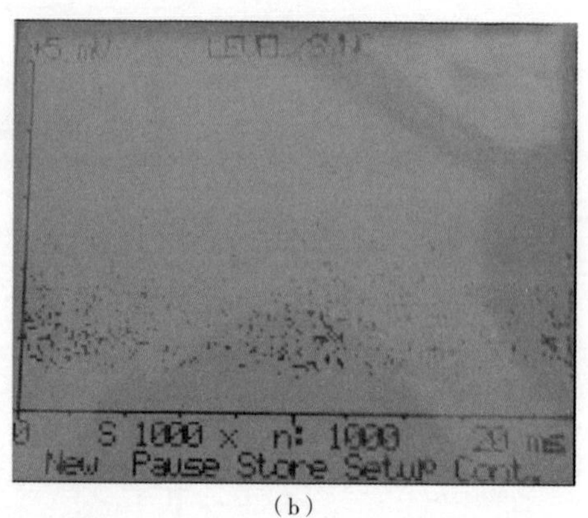

（b）

图 7-32 超声检测图谱

（a）连续测量模式；（b）相位测量模式

（3）油色谱分析

5月21日下午，对WKE线三相断路器进行SF_6气体分解产物气相色谱分析，检测结果如表7-30所示。从SF_6气体分解产物可以看出B相CF_4分解

表 7-30 断路器SF_6气体分解产物气相色谱分析

气体	A相分解产物（μl/L）	B相分解产物（μl/L）	C相分解产物（μl/L）
H_2	9.99	6.10	6.68
CH_4	0.14	0.19	0.10
CO	9.64	9.29	7.46
CF_4	0.99	786.62	0.90
CO_2	3.13	2.12	1.74
C_2F_6	14.19	17.49	16.73
C_3F_8	4.62	4.38	3.83

产物为786.62μl/L，明显高于新气标准要求，且与A、C相检测结果相对比，B相CF_4含量明显偏高（固体绝缘材料与SF_6在500℃高温条件下产生CF_4气体），且由于分解产物测试未检出SO_2、H_2S、HF等电弧放电的特征组分，由此可以推断不存在电弧放电情况，符合局放特征。

结合高频、超声波以及SF_6气体分解产物色谱分析结果，可以判定2220间隔（WKE线）B相断路器灭弧室内部存在局部放电。

4. 解体检查

在2220间隔（WKE线）停电后，将B相断路器解体检查后，发现弧室内存在少量白色粉末，且壳体内表面靠近动触头绝缘支撑件位置有电弧灼烧痕迹，如图7-33（a）所示。触头外罩与壳体之间的绝缘支撑件表面脏污严重，存在肉眼可见黑斑、细纹，且绝缘支撑件靠近地电位侧有明显碳化痕迹，如图7-33（b）所示。

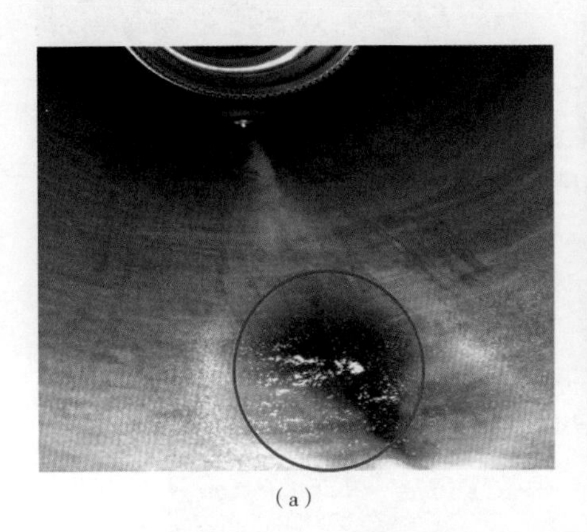
（a）

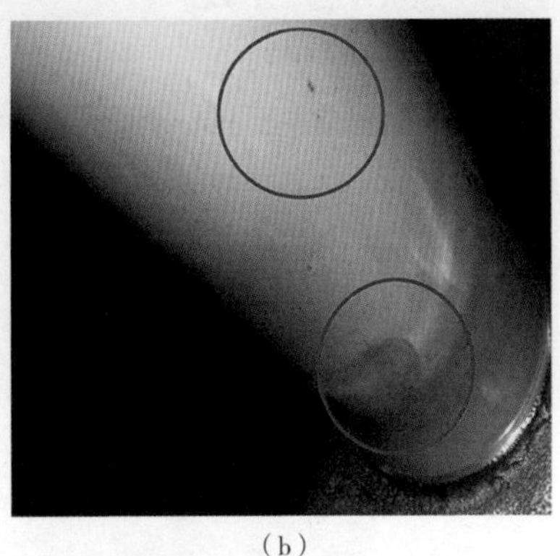
（b）

图7-33　B相断路器解体检查

（a）解体后的断路器弧室；（b）绝缘支撑件

绝缘支撑件侧法兰下部，发现黑灰色粉末颗粒，并且在该相断路器防爆膜处发现同样黑灰色粉末颗粒，如图7-34所示。

触头高压电极屏蔽罩发现存在不同深度的灼烧斑点，如图7-35所示。

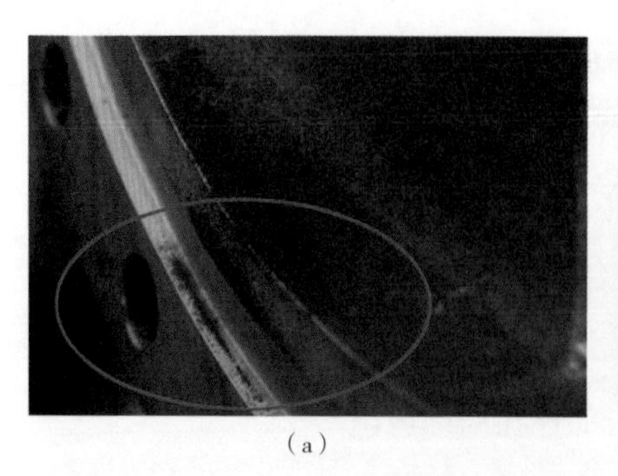

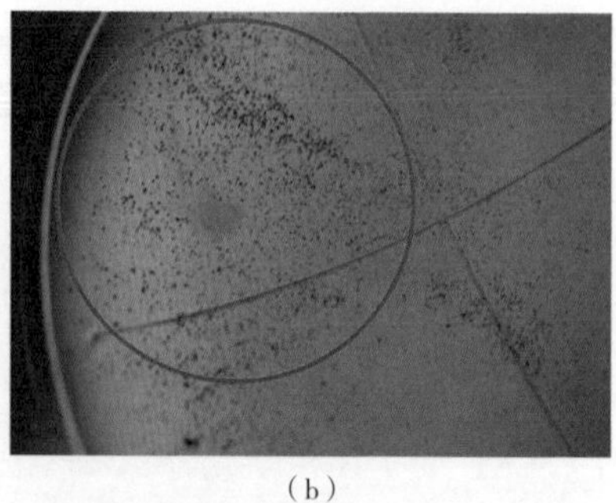

（a）　　　　（b）

图 7–34　B 相断路器黑灰色粉末颗粒

（a）法兰下部；（b）断路器防爆膜处

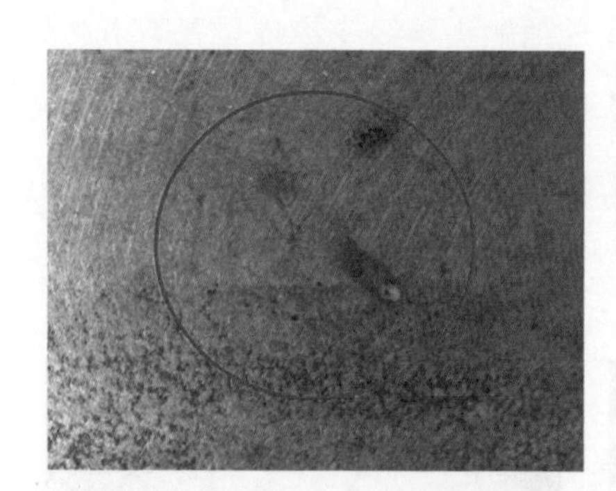

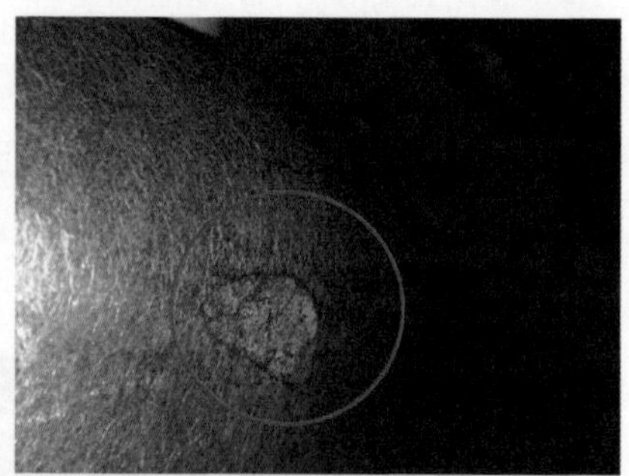

图 7–35　触头高压屏蔽罩处的灼烧斑点

盆式绝缘子表面有黑色脏污，如图 7–36 所示。

图 7–36　盆式绝缘子表面

5. 缺陷原因分析

2220间隔（WKE线）B相断路器灭弧室在出厂安装时未清理干净，内部残留的异物（有机材料）产生悬浮电位放电，进而分解为黑灰色粉末颗粒，该粉末颗粒在电场力和重力作用下在灭弧室内自由运动，动触头屏蔽罩处的灼烧斑点与壳体内壁烧伤痕迹为自由颗粒放电所致。

6. 反事故措施

1）高频局部放电检测不仅能够检测出电缆终端局放，也能够检测到与之相连的相关GIS气室的局放。

2）对于带电检测中发现疑似局放的异常气室，应采用高频、超声波以及SF_6气体组分色谱分析技术进行综合判断，采用多种检测技术进行相互验证，提高缺陷检出。

7.8 电缆中间接头局放缺陷

1. 线路基本情况

线路基本情况如表7-31所示。

表7-31 线路基本情况

线路名称	35kV KJE线
线路形式	纯电缆线路
线路长度	3.315km
敷设方式	排管敷设
接地方式	直接接地
投运时间	2008年9月26日
设备型号	天津塑力线缆 YJY22
缺陷位置	中间接头

2. 缺陷过程描述

2019 年 3 月 14 日，检测人员在对 220kV 某变电站 35kV 电缆出线进行站内电缆带电检测工作时发现，35kV KJE 线高频局放异常，放电图谱具有典型的局部放电特征。查找历史数据发现，2018 年 1 月 5 日曾对该线路开展过高频局放检测，发现 A 相存在异常局部放电信号，并且放电图谱与 2019 年 3 月 14 日所得的图谱十分相似，应为同一信号。

2019 年 4 月 03 日，在站内对 KJE 线进行停电 OWTS 振荡波局放检测时，发现 A 相距昆纬路站 2393m 处中间接头放电量过大，超出规程标准。对定位的 9 号接头进行解剖，发现接头受潮并存在放电痕迹。

本实例中所用仪器情况如表 7–32 所示。

表 7–32 检测仪器信息表

检测项目	检测仪器	型号	生产厂家
高频局放检测	高频局放仪	PD check	泰科英普
OWTS 振荡波局放检测	振荡波局放仪	DAC MV30	Onsite

3. 检测数据分析

（1）高频局放分析

2019 年 3 月 14 日中午，在 220kV 变电站电缆夹层对 35kV KJE 线电缆进行高频局放检测，由于电缆接头 A、B、C 三相的三条地线都放在高频电流传感器里，因而只得到一组放电图谱，结果如图 7–37 所示。

如图 7–37 所示，放电信号在正负半轴呈现 180° 的相位相关性，放电波形具有典型脉冲震荡衰减特性，放电信号频率主要分布在 1.4~3.6MHz，放电幅值达到了 120mV。由此可以判断 35kV KJE 线存在疑似局放信号。

对比 2018 年 1 月 5 日历史数据，在昆纬路站内对该线路开展的高频局放检测中，亦发现异常局部放电信号，检测结果如表 7–33 所示。

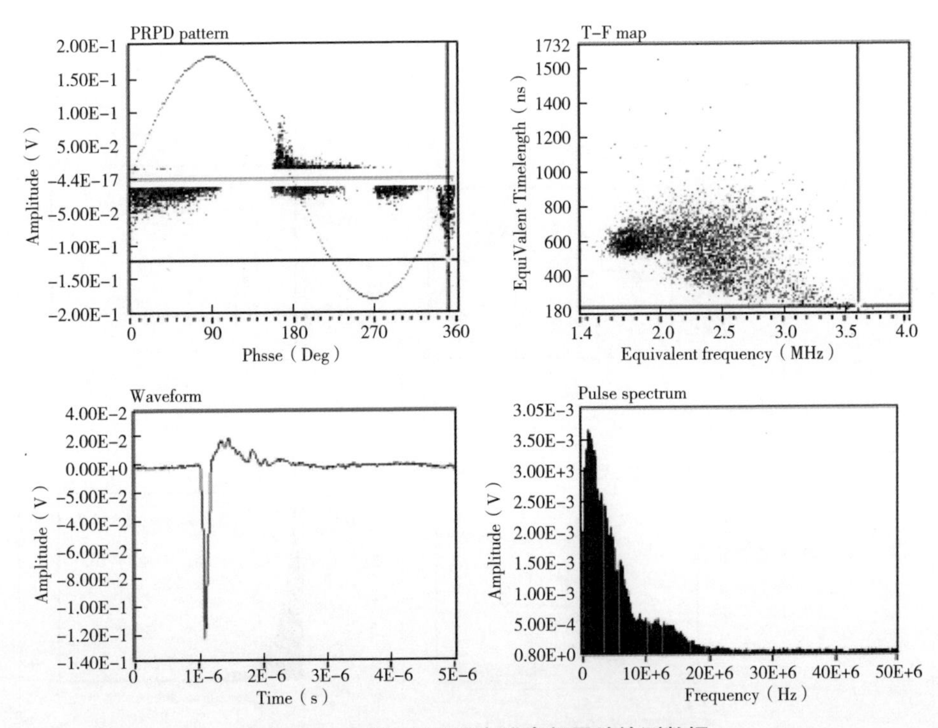

图 7–37　35kV KJE 线电缆高频局放检测数据

由表 7–33 可以看出，该线路 B、C 相放电幅值较小，A 相放电幅值最大超过了 140mV，放电图谱在正负半轴呈现 180° 的相位相关性，放电波形具有典型脉冲衰减特性，放电信号频率主要分布在 1~3.2MHz。从而推断 KJE 线 A 相存在疑似局放信号。经过对比，发现 2018 年 1 月 5 日检测的该线路异常信号与 2019 年 3 月 14 日放电类似，应为同一信号。

综上所述，KJE 线 A 相存在疑似局放信号，由于放电信号频率较低且检测地点为变电站内电缆终端附近，因而推测局放信号来自线路侧。

（2）OWTS 振荡波局放分析

2019 年 4 月 3 日，对 KJE 线进行停电 OWTS 振荡波局放检测，依据《6kV~35kV 电缆振荡波局部放电测试方法》（DL/T 1576—2016），根据振荡波加压测试整根电缆的情况，得到的局放分布图如图 7–38 所示。

表 7-33　35kV KJE 线电缆高频局放检测历史数据

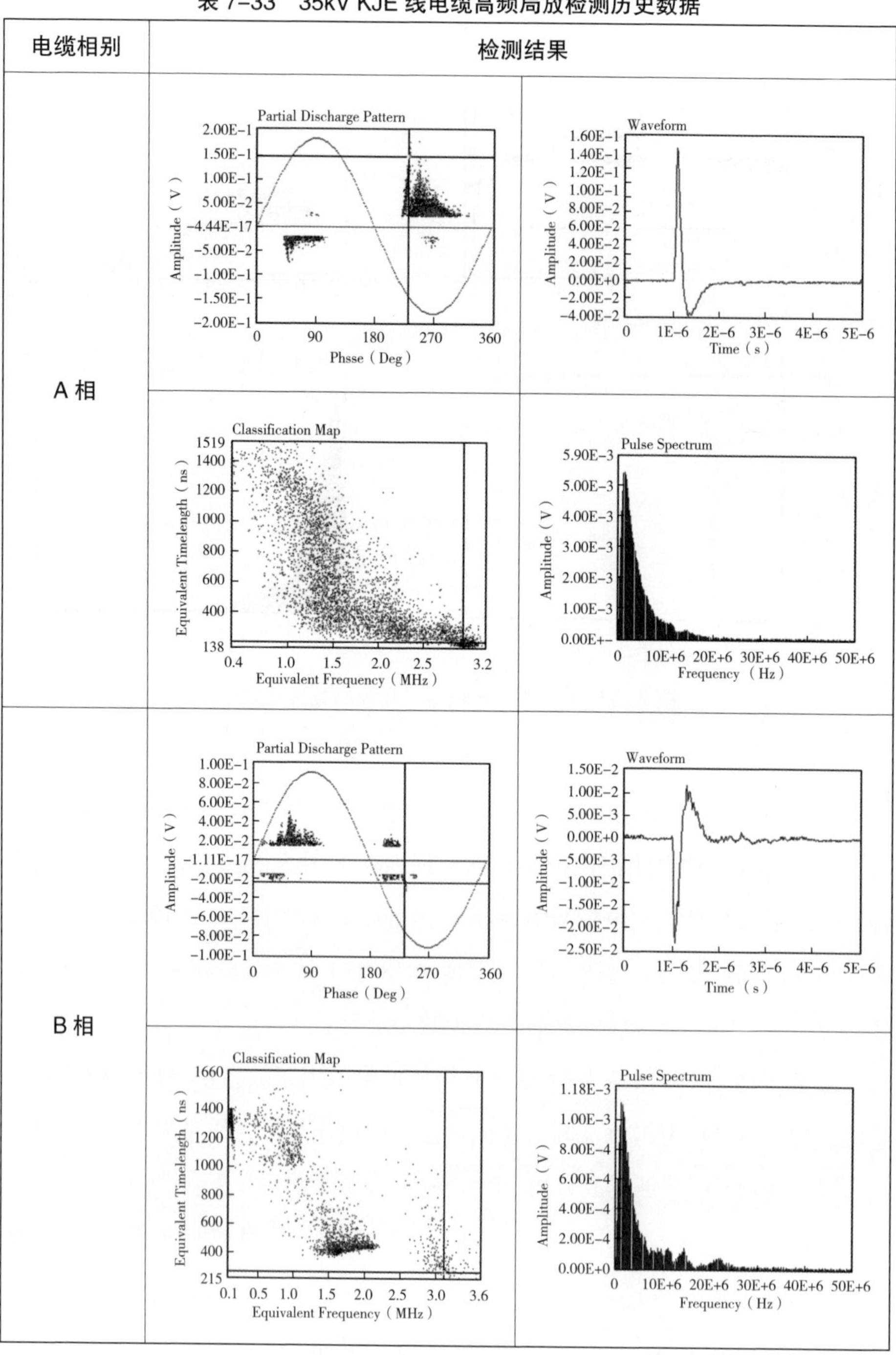

续表

电缆相别	检测结果
C 相	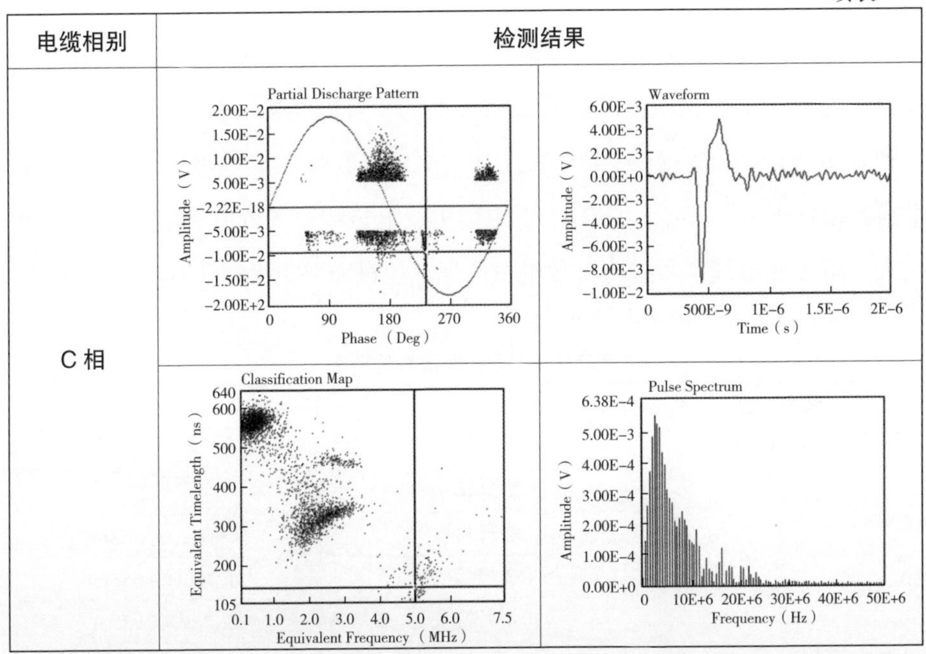

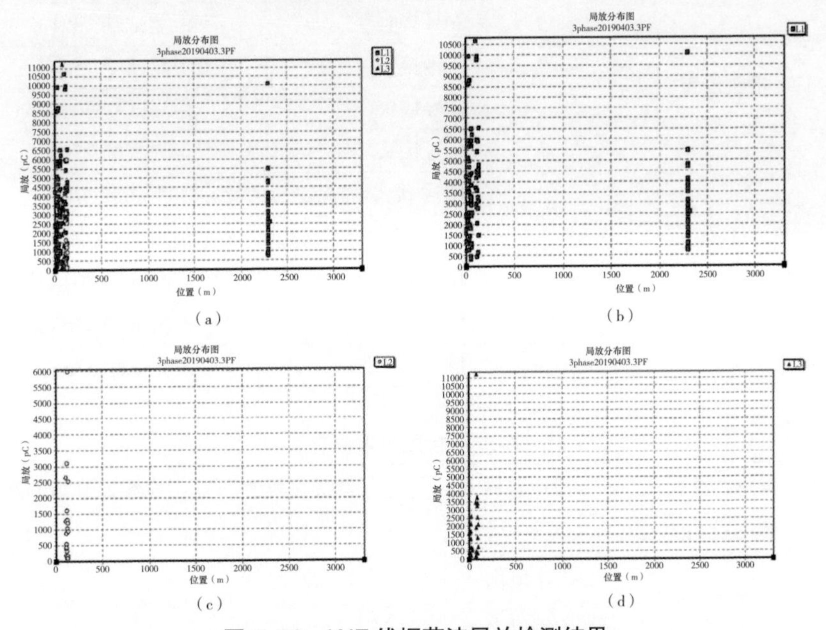

图 7-38　KJE 线振荡波局放检测结果

（a）三相局放分布图；（b）A 相局放分布图；（c）B 相局放分布图；（d）C 相局放分布图

KJE 线共有 14 组接头，其对应位置如表 7-34 所示，测试端为华捷道侧终端。

根据振荡波局放测试结果和该线路接头位置可知，B、C 相电缆不存在局放异常现象，而 A 相距昆纬路站 2393m 处的 9 号中间接头存在局放，放电量达到了 10000pC。根据表 7-35 中对 10~35kV 交联聚乙烯电缆（XLPE）配电电缆判断标准，对于投运超过 1 年的接头放电量超过 500pC 就需要及时更换接头，而 A 相电缆 9 号接头的放电量已远远超过需要更换接头的参考临界值。

表 7-34　KJE 线接头位置表

起点位置	昆纬路站	
终点位置	华捷道站	
接头位置	1 号接头	距测试端 277m
	2 号接头	距测试端 558m
	3 号接头	距测试端 658m
	4 号接头	距测试端 929m
	5 号接头	距测试端 1030m
	6 号接头	距测试端 1321m
	7 号接头	距测试端 1534m
	8 号接头	距测试端 2046m
	9 号接头	距测试端 2393m
	10 号接头	距测试端 2709m
	11 号接头	距测试端 2748m
	12 号接头	距测试端 3044m
	13 号接头	距测试端 3309m
	14 号接头	距测试端 3334m

表 7-35　检测仪器信息表

电缆及其附件类型	投运年限	参考临界值	电缆及其附件类型
电缆本体（XLPE）	—	100pC	电缆本体（XLPE）
接头（XLPE-XLPE）	1 年以内	300pC	接头（XLPE-XLPE）
	1 年以上	500pC	
终端	1 年以内	3000pC	终端

综上，35kV KJE 线 A 相 9 号接头存在局放，应及时更换接头。

4. 缺陷解体验证

对 9 号接头进行解剖，如图 7-39 所示，发现接头的应控管存在放电痕迹，黑红管和红管内部存在黄色不明物。经过解剖分析，最终确认了该终端存在局放性质缺陷。

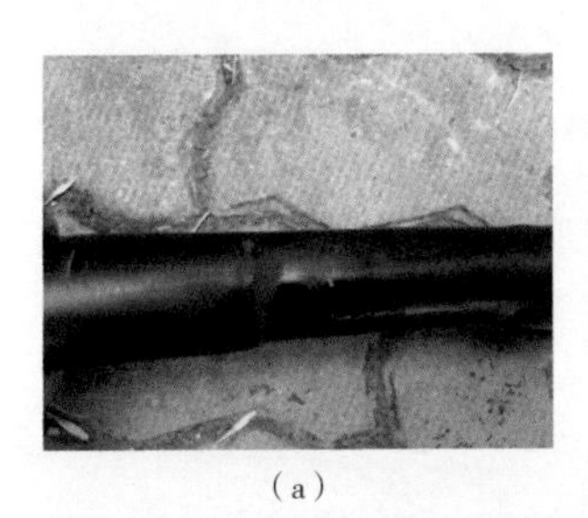
（a）

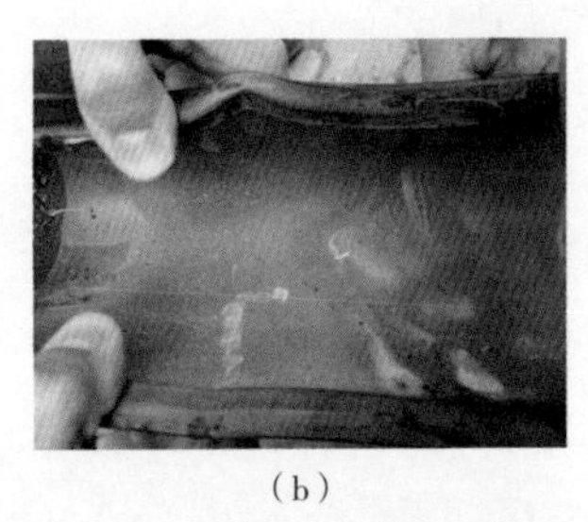
（b）

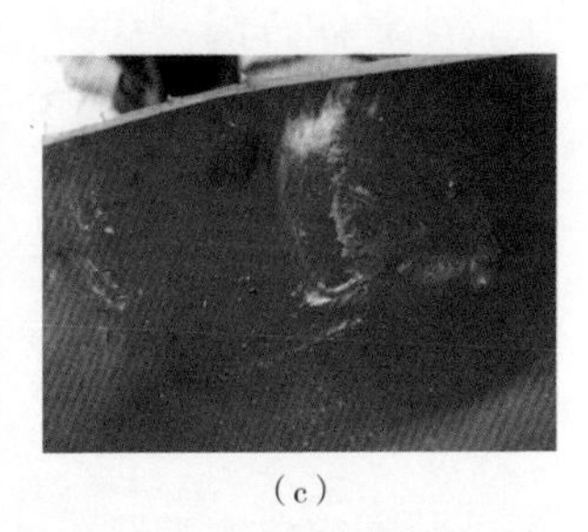
（c）

图 7-39　KJE 线 9 号接头解剖结果

（a）应控管放电痕迹图；（b）黑红管内黄色物质图；（c）红管内黄色物质图

为分析 35kV KJE 线 9 号接头存在局放原因，对 9 号接头进行解剖。发现 9 号接头接地网严重锈蚀、内护套存在明显水渍，且 A 相铜芯出现锈蚀现象，如图 7-40 所示。

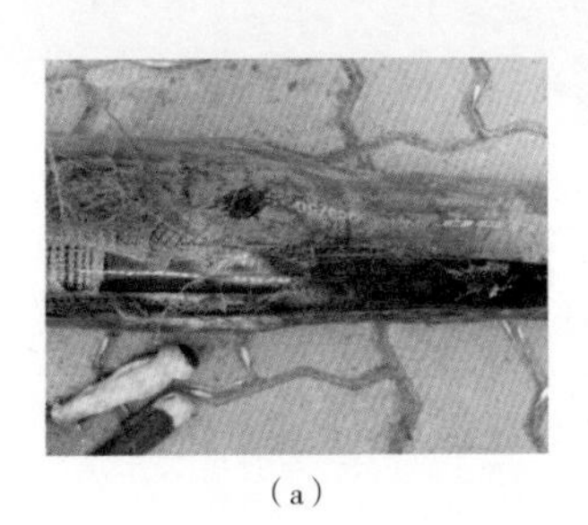
（a）

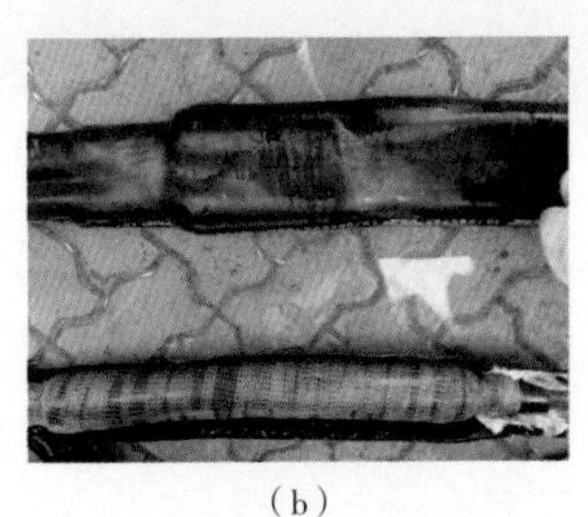
（b）

（c）

图 7-40　KJE 线 9 号接头解剖结果

（a）9 号接头接地网锈蚀；（b）9 号接头内护套明显水渍；（c）9 号接头 A 相铜芯锈蚀

5. 缺陷原因分析

1）接地网明显锈蚀与内护套明显水渍形成原因分析：根据解剖结果分析，

由于施工等原因，在内护套管进行热缩时，可能出现热缩温度过高或烘烤时间过长等现象，导致内护套管出现裂痕，防水不良，接地网锈蚀严重。

2）此 9 号接头发生放电可能有两方面原因：①接头制作过程中在剥离半导电层时，在端口处出现下刀过深产生刀口，导致主绝缘划伤，刀口处场强集中，引发放电；②线芯处应力疏散胶密封不良，导致线芯内水分渗出，进入应力控制管内，从而导致局放的发生。

6. 反事故措施

1）制作工艺不良是缺陷产生的主要诱因，必须加强施工过程管控，保证工艺质量。

2）对于 35kV 电缆线路，将高频局放检测作为普测手段，震荡波作为复测及精准定位的手段，可以比较有效地发现部分内部缺陷，减少故障次数。

附　录

附录 A　局放高频电流检测法的典型特征图谱

A.1　主绝缘电树缺陷（见图 A.1）

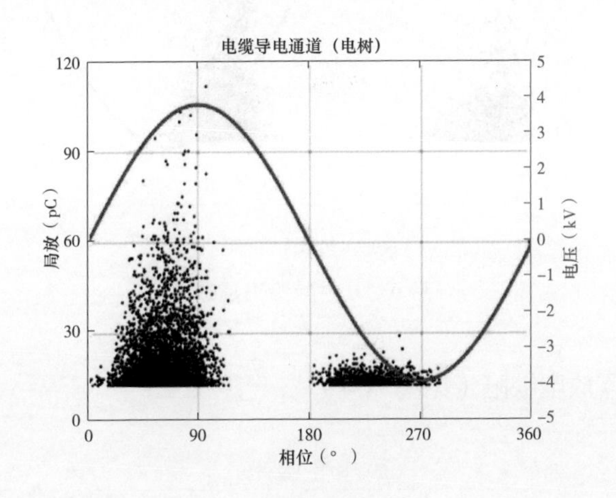

图 A.1　主绝缘电树缺陷

A.2　主绝缘气泡缺陷（见图 A.2）

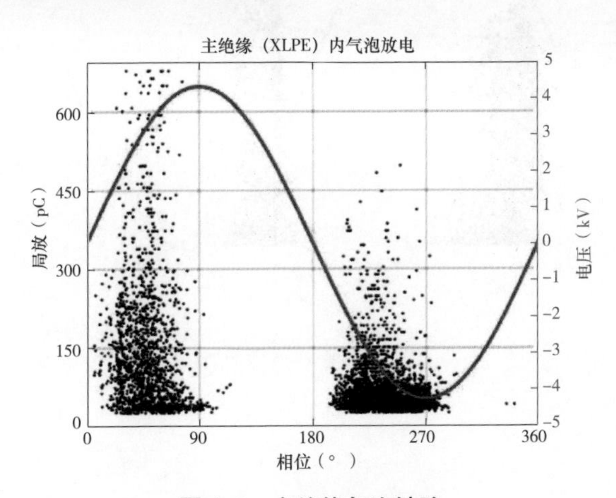

图 A.2　主绝缘气泡缺陷

A.3 主绝缘刀痕缺陷（见图 A.3）

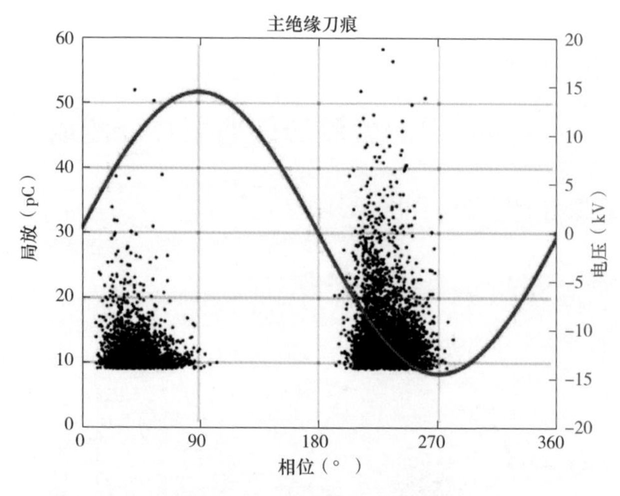

图 A.3　主绝缘刀痕缺陷

A.4 悬浮放电缺陷（见图 A.4）

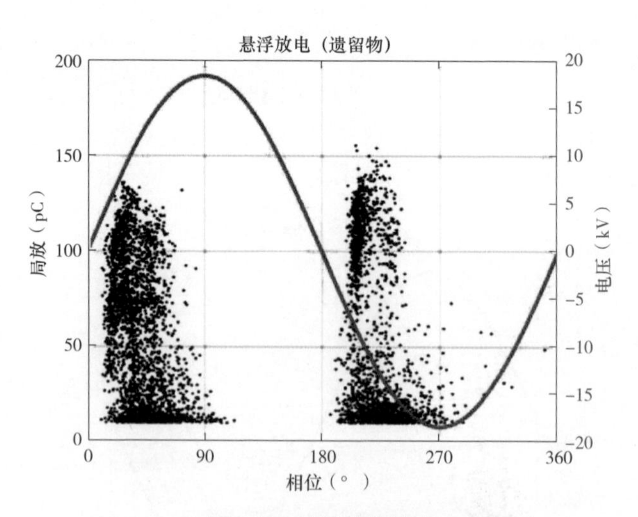

图 A.4　悬浮放电缺陷

A.5 主绝缘半导电电尖刺缺陷（见图 A.5）

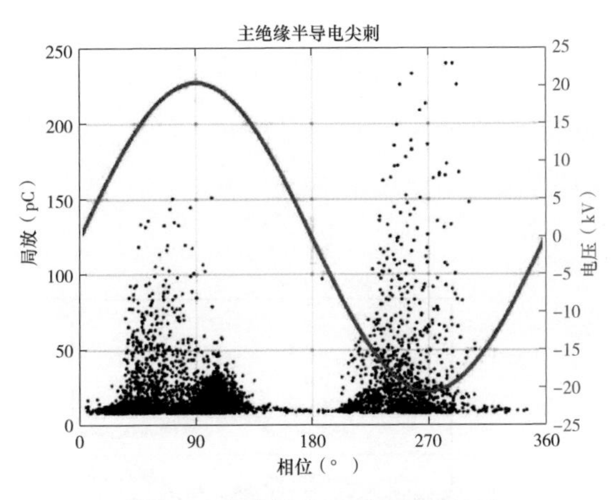

图 A.5 主绝缘半导电电尖刺缺陷

附录 B 高压电缆局放的高频电流检测典型干扰信号

B.1 白噪声干扰信号

电网白噪声一般指线圈热噪声、地网噪声等各种典型随机噪声，在整个频域内均匀分布，幅值变化不大，无工频相关性，无周期重复现象。白噪声干扰信号的特征谱图如图 B.1 所示。

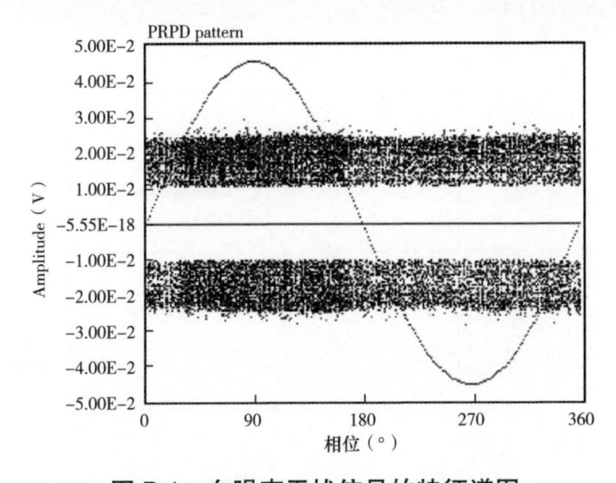

图 B.1 白噪声干扰信号的特征谱图

B.2 电力电子器件随机干扰

电力电子器件产生的干扰脉冲，响应特性范围很宽，一个电压周波可出现 1 或 2 的倍数形态间断、量值彼此相等的脉冲簇，干扰脉冲会在相位基线上做定向移动，幅值变化不大，具有相位相关特征，具有周期重复现象。电力电子器件产生的干扰信号的相位谱图如图 B.2 所示。

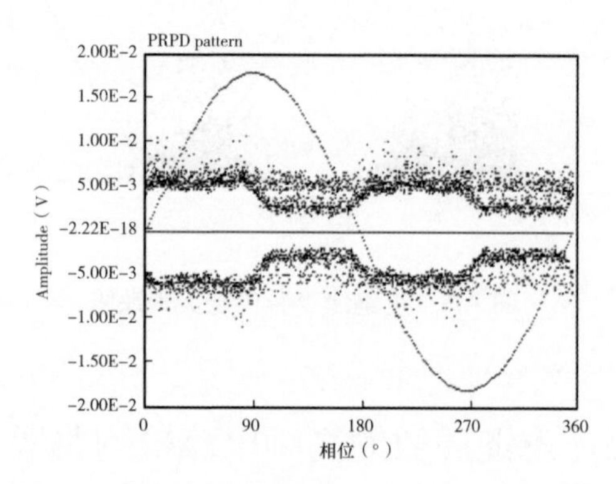

图 B.2 电力电子器件随机干扰信号的相位谱图

B.3 高电位尖端电晕放电

外部金属毛刺或尖端，由于电场集中，产生表面电晕放电。放电脉冲簇总叠加于电压峰值的位置，如位于负峰值处，放电源处于高电位。高电位尖端电晕放电的相位谱图如图 B.3 所示。

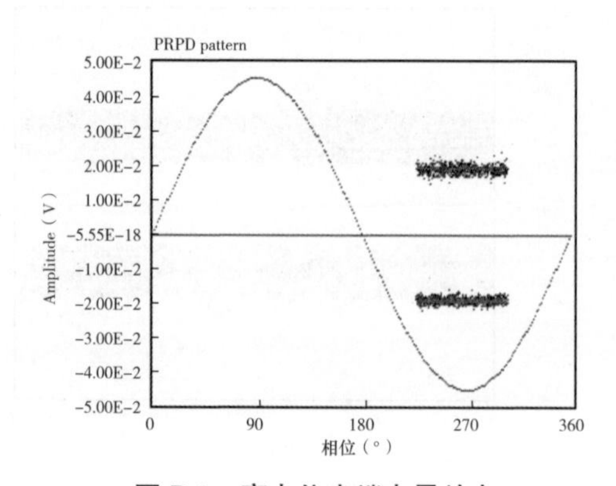

图 B.3 高电位尖端电晕放电

B.4 地电位尖端电晕放电

外部金属毛刺或尖端，由于电场集中，产生的表面电晕放电。放电脉冲簇总叠加于电压峰值的位置，如位于正峰处，放电源处于地电位。地电位尖端电晕放电的相位谱图如图 B.4 所示。

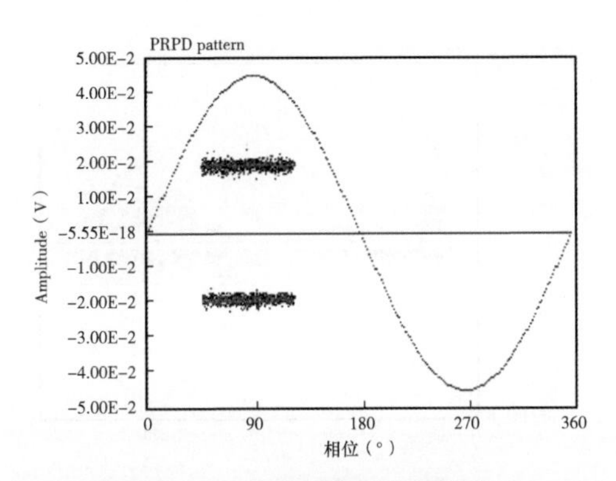

图 B.4 地电位尖端电晕放电

B.5 接触不良随机干扰

线路内部或测试回路中导电部分的接触不良产生的干扰脉冲。脉冲簇团呈现不规则干扰脉冲，放电量值与电压成比例，有时接触处完全导通时会使干扰自动消除。接触不良随机干扰的相位谱图如图 B.5 所示。

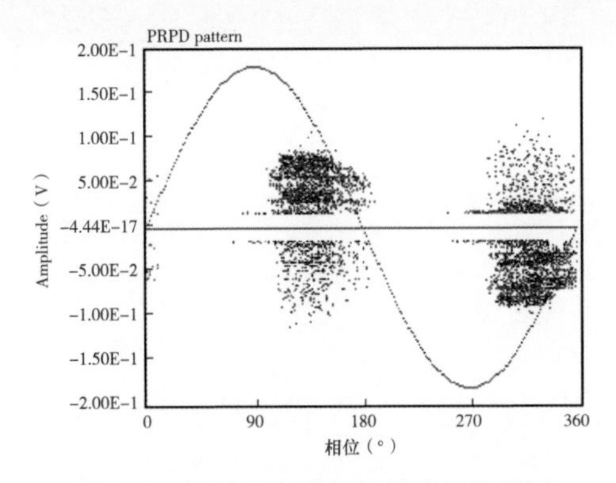

图 B.5 接触不良随机干扰的相位谱图

B.6 旋转电机随机干扰

旋转电机产生的干扰脉冲，响应特性范围很宽，脉冲簇团位置上可完全不规则或者间断，图谱无明显相位特征，相位分布较广，幅值分布较广。旋转电机随机干扰的相位谱图如图 B.6 所示。

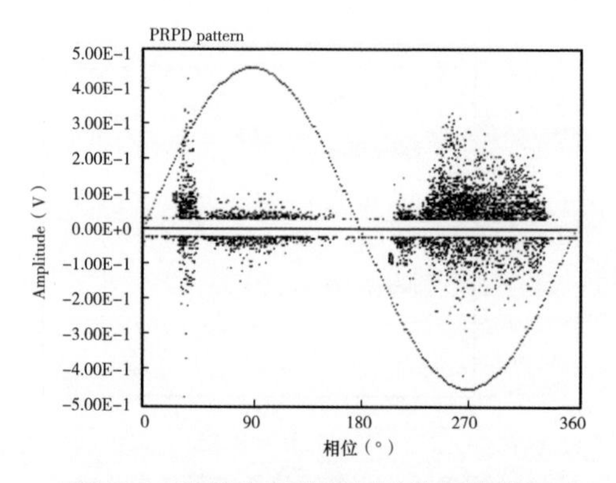

图 B.6 旋转电机随机干扰的相位谱图

参考文献

[1] 国家电网有限公司设备管理部 . 中压电力电缆技术培训教材 [M]. 北京：中国电力出版社，2021.

[2] 国家电网有限公司设备管理部 . 高压电力电缆技术培训教材 [M]. 北京：中国电力出版社，2021.

[3] 史传卿 . 电力电缆安装运行技术问答 [M]. 北京：中国电力出版社，2002.

[4] 魏占朋，王荣亮，林国洲，等 . 变电站内联络电缆局放检测及解体研究 [J]. 山东电力技术，2018，45（09）：76-80.

[5] 于连坤，魏占朋，丁彬，等 . 电力电缆接地系统缺陷引起环流异常的分析 [J]. 山东电力技术，2020，47（05）：26-29.

[6] 卫文婷，李跃，周瑜，等 . 35kV XLPE 电缆局放异常分析 [J]. 山东电力技术，2020，47（10）：39-44.

[7] 王荣亮，王浩鸣，宗红宝，等 . 高压电缆金属护套接地环流平衡抑制方法分析 [J]. 电力系统及其自动化学报，2019，31（11）：108-114.

[8] 王波，陈云飞，刘军宇 . 带电检测技术在电缆设备缺陷发现中的应用 [J]. 山东电力技术，2020，47（12）：57-60.

[9] 曹俊平，孙兴涛，王少华，等 . 基于涡流技术的高压电缆铅封裂纹缺陷检测研究 [J]. 高压电器，2020，56（08）：168-175.

[10] 曹俊平，王少华，任广振，等 . 高压电缆附件铅封涡流探伤方法试验验证及应用 [J]. 高电压技术，2018，44（11）：3720-3726.

[11] 陈化钢 . 电力设备预防性试验方法及诊断技术 [M]. 北京：中国水利水电出版社，2009.

[12] 韩伯锋 . 电力电缆试验及检测技术 [M]. 北京：中国电力出版社，2007.

[13] 王伟 . 交联聚乙烯（XLPE）绝缘电力电缆技术基础 [M]. 西安：西北工业大学出版社，2011.

[14] 严璋 . 电气绝缘在线检测技术 [M]. 北京：中国电力出版社，1995.

[15] 朱德恒 . 电气设备状态监测与故障诊断 [M]. 北京：中国电力出版社，2009.

[16] 吴广宁 . 电气设备状态监测的理论与实践 [M]. 北京：清华大学出版社，2005.

[17] 郭卫，周松霖，王立 . 电力电缆状态在线监测系统的设计及应用 [J]. 高电压技术，2019，45（11）：3459–3466.

[18] 张桂燕 . 电缆运行中防止外力破坏的措施 [J]. 高电压技术，2001，27（S1）：24–25.

[19] 江日洪 . 交联聚乙烯电力电缆线路 [M]. 北京：中国电力出版社，1997.